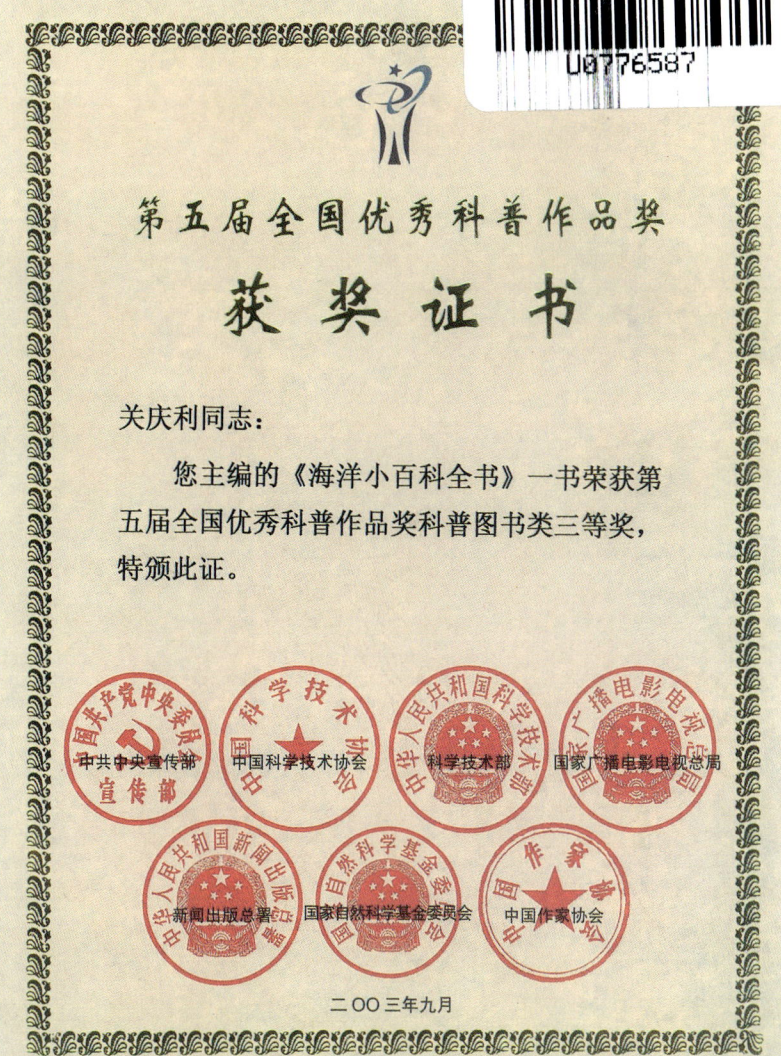

《海洋小百科全书》于2002年5月出版,2003年9月被中国共产党中央委员会宣传部、中国科学技术协会、中华人民共和国科学技术部、国家广播电影电视总局、中华人民共和国新闻出版总署、国家自然科学基金委员会、中国作家协会联合授予"第五届全国优秀科普作品奖科普图书类三等奖"。本书于2007年10月修订再版,现再次修订,由中山大学出版社出版。

《海洋小百科全书》荣获"第五届全国优秀科普作品奖"

海洋 小百科 全书

主 编 关庆利
副主编 丁玉柱 彭 垣

关庆利 谭丽菊 石晓勇 编著

中山大学出版社
·广州·

版权所有　翻印必究

图书在版编目(CIP)数据

海洋化学/关庆利,谭丽菊,石晓勇编著. —广州:中山大学出版社,2012.1

(海洋小百科全书/关庆利主编)

ISBN 978-7-306-03564-6

Ⅰ.①海… Ⅱ.①关… ②谭… ③石… Ⅲ.①海洋化学-普及读物 Ⅳ.①P734-49

中国版本图书馆CIP数据核字(2009)第221846号

出 版 人：	徐　劲
策划编辑：	蔡浩然
责任编辑：	蔡浩然
装帧设计：	杨桂荣　林绵华
责任校对：	钟永源
责任技编：	何雅涛
出版发行：	中山大学出版社
电　　话：	编辑部 020-84111996,84113349
	发行部 020-84111998,84111981,84111160
地　　址：	广州市新港西路135号
邮　　编：	510275　传　真：020-84036565
网　　址：	http://www.zsup.com.cn　E-mail：zdcbs@mail.sysu.edu.cn
印 刷 者：	佛山市浩文彩色印刷有限公司
规　　格：	880mm×1230mm　1/32　9印张　192千字　4插页
版次印次：	2012年1月第1版
	2014年4月第4次印刷
定　　价：	17.80元

如发现本书因印装质量影响阅读,请与出版社发行部联系调换

海洋化学

▲ 对海洋进行立体监测

▲ 船上实验室

海水分析实验 ▲

▼ 船上海水取样

▶ 污染跟踪观测

海洋化学

海水淡化装置 ▲

▶ 海水腐蚀试验场

▲ 繁忙的盐田

▲ 人工海水素产品

▶ 北海的钻井平台

海洋化学

石油平台巡航监视 ▲

在油污中挣扎的海鸟 ▲

▲ 被赤潮污染的海水

▲ 正在沉没中的油轮

海洋小百科全书　　海洋化学

海底锰结核

大洋锰结核调查 ▲

◀ 滨海沙矿

◀ 实验室分析测试

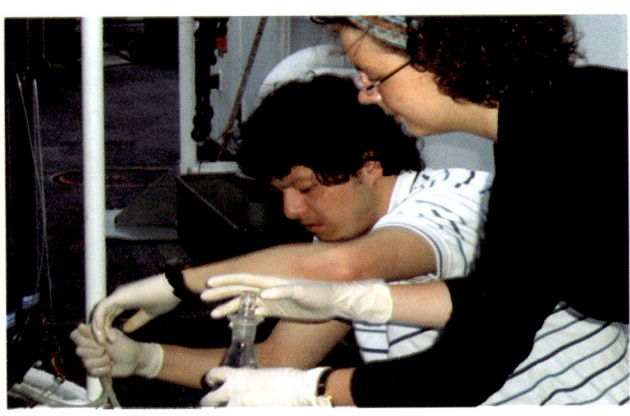

序言

　　海洋是人类的母亲,也是人类千万年来取之不尽、用之不竭的巨大资源宝库。在人类赖以生存的蓝色星球——地球上,蔚蓝色的海洋占有约71%的总面积。

　　雄踞在这颗蓝色星球的东方、浩瀚无垠的太平洋西岸上的中华人民共和国,不仅拥有960万平方千米的陆地国土,而且还拥有300万平方千米的海洋国土,有着1.8万千米绵延曲折的海岸线。在这浩瀚的蓝色国土上,珍珠般地镶嵌着大大小小6500多个美丽而富饶的岛屿。

　　勤劳勇敢的中华民族,在古代就凭着自己卓越的智慧和创造力,伐木成舟,劈波斩浪,牵星观月,远渡重洋,以举世瞩目的海洋文明跻身于世界航海强国的民族之林。

　　21世纪是海洋的世纪,21世纪的主人翁就是今天的青少年朋友。他们不仅是我国的未来和希望,而且必定是21世纪振兴经济和提升海洋科技的主力军。海洋将是青少年朋友报效祖国、振兴中华民族大显身手的辉煌舞台。只有帮助青少年及早地以科学的眼光认识世界的发展,科学地把握未来,早日加入到海洋开发建设的队伍中来,才能更好地发展我国的海洋经济,捍卫我国的海洋权益。未来是海洋的时代,只有让广大的青少年了解海洋、接近海洋、认识海洋,才能把握海洋、开发海洋、利用海洋和捍卫海洋权益,为祖国的海洋开发建设作贡献,为中华民族的子孙后代造福。为了提高中华民族的海洋文化素质,再铸中华民族海洋文明的辉煌,使我国成为21世纪的海洋强国,有识之士必须从现在做起,从青少年抓起,全面培养我国青少年的海洋意识,普及海洋科学知识,提高海洋科技技能,增强蓝色国土观念和捍卫海洋权益的责任感、使命感。从这个意义上说,在人类进入21世纪的伟大时代,在全球开始创造海洋经济的伟大时刻,在世界日益关注海洋权益的今天,出版这套经过缜密修订的全面、系统、科学地介绍海洋知识的《海洋小百科全书》,无疑是奉献给我国青少年朋友的一份珍贵礼物,是激发青少年的海洋兴趣、增长海洋知识、普及海洋文化、宣传海洋文明、提高海洋素质、促进海洋教育所做的一件功在当代、利在千秋的非常具有实践成就和指导意义的工作。

绚丽多姿的海洋召唤着青少年朋友们去探索和揭秘,无穷无尽的海洋宝藏等待着有志于海洋事业的青少年朋友们去开发和利用。这套图文并茂、深入浅出的《海洋小百科全书》,必将以丰富的知识性、深刻的思想性和高雅的趣味性,成为青少年朋友在蓝色海洋里成长、成才的良师益友。

祝愿青少年朋友读完这套书后能够早日成为大海的骄子,为把祖国建设成伟大的海洋经济强国和海洋科技强国贡献自己宝贵的青春和智慧。

国家海洋局局长:孙志辉

2010年4月6日

目 录

一、海水的趣味故事

1. 水是从哪里来的？ ………………………………… (2)
2. 海里的水是从哪里来的？ ………………………… (2)
3. 人类与水有什么关系？ …………………………… (3)
4. 谁发现了地球是个"水球"？ ……………………… (3)
5. 海水是蓝色的吗？ ………………………………… (4)
6. 海洋都是蓝色的吗？ ……………………………… (5)
7. 黄海的名称从何得来？ …………………………… (6)
8. 黄河的水流入黄海吗？ …………………………… (6)
9. 海水温度变化有什么特点？ ……………………… (7)
10. 海底热泉有什么神奇妙用？ ……………………… (8)
11. 海水为什么是咸的？ ……………………………… (8)
12. 人类为什么不可以直接饮用海水？ ……………… (9)
13. 海水真的就不能直接饮用吗？ …………………… (10)
14. 海鸟为什么可以喝海水？ ………………………… (10)
15. 植物是否也能"喝"海水？ ………………………… (11)
16. 海水会越来越咸吗？ ……………………………… (12)
17. 海洋中哪儿来的淡水？ …………………………… (13)
18. 海水是怎样混合的？ ……………………………… (14)
19. 海水充分混合一次需要多少时间？ ……………… (15)
20. 什么是人工海水？ ………………………………… (15)
21. 人工海水如何配制？ ……………………………… (16)

22. 什么是标准海水？ …………………………… (17)
23. 我国的标准海水在哪里生产？ ……………… (17)
24. "死海"为什么淹不死人？ …………………… (18)
25. 为什么"死海"的水里含有那么多盐？ ……… (19)
26. 河口区的水有什么特点？ …………………… (19)
27. 雨水与河水谁更像海水？ …………………… (20)
28. 海水浴对人体有哪些好处？ ………………… (20)
29. 工业上怎样直接利用海水？ ………………… (21)
30. 海水在日常生活中的应用如何？ …………… (21)
31. 你知道海水助战的故事吗？ ………………… (22)
32. 海水还有其他用途吗？ ……………………… (23)
33. 能用海水洗衣服吗？ ………………………… (23)
34. 世界上最大的"淡水库"在哪里？ …………… (24)
35. "远水"是否能解"近渴"？ …………………… (25)
36. 联合国为什么要发出"水荒"的警告？ ……… (26)
37. 海水的冰点是多少？ ………………………… (26)
38. 海冰里也有盐分吗？ ………………………… (27)
39. 你知道海水的温度变化是多少吗？ ………… (27)
40. 为什么海水的冰点变化不定？ ……………… (28)
41. 为什么要开发深层海水？ …………………… (28)
42. 深层海水在海水养殖中有什么优势？ ……… (29)
43. 海水可以做成饮料吗？ ……………………… (30)
44. 海水可以治疗哪些疾病？ …………………… (30)
45. 海上最大的冰山有多大？ …………………… (31)
46. 谁知冰山真面目？ …………………………… (31)
47. 会有海水"粘"船的事吗？ …………………… (32)
48. 海水怎么会有"粘"船的功能？ ……………… (33)
49. "密度跃层"常在哪些地方出现？ …………… (34)
50. "密度跃层"有何军事意义？ ………………… (34)

海洋化学

51. 谁在大洋中发现了淡水？ …………………………（35）

二、海水的化学秘密

52. 谁测定了海水的化学成分？ ………………………（37）
53. 海水中元素浓度的比例为什么与地壳中的不一样？ …（38）
54. 河流每年向海洋输送的物质总量是怎样计算的？ ……（38）
55. 每年有多少物质进入海洋？ ………………………（40）
56. 哪些海区的物质含量与大洋不一样？ ………………（40）
57. 什么是盐？ …………………………………………（41）
58. 海水中的盐是从哪儿来的？ ………………………（42）
59. 海水中到底含有多少盐？ …………………………（43）
60. 什么是盐度？ ………………………………………（43）
61. 为什么要引入"盐度"这个概念？ …………………（44）
62. 怎样测定海水中的盐度？ …………………………（45）
63. 海水盐度对军事活动有何影响？ …………………（45）
64. 海水的盐度变化有多大？ …………………………（46）
65. 海水中的盐类对海水性质有什么影响？ ……………（46）
66. 赤道海域表层海水的盐度最高吗？ …………………（47）
67. 地球上哪些海区的盐度最高？ ……………………（48）
68. 海水中到底溶存着多少物质？ ……………………（49）
69. 海洋生物是怎样适应盐度变化的？ …………………（50）
70. 海水的酸碱度、氧的浓度对生物活动有什么影响？ …（50）
71. 什么是"海水组成恒定性"？ ………………………（51）
72. 海水中物质组成恒定是怎样发现的？ ………………（51）
73. 海水的组成为什么会出现恒定性？ …………………（52）
74. 海水组成的恒定性有什么作用？ …………………（53）

75. 哪种元素在海水中的含量最高？ …………… (54)
76. 哪种元素在海水中的含量最低？ …………… (54)
77. 什么是保守元素和非保守元素？ …………… (55)
78. 海水中哪些元素被称为常量元素？ ………… (55)
79. 海水中哪些元素被称为微量元素？ ………… (56)
80. 常量元素与微量元素有什么不同？ ………… (57)
81. 我国淡水资源情况如何？ …………………… (57)
82. 什么叫海水淡化？ …………………………… (58)
83. 我国是如何重视海水淡化工作的？ ………… (58)
84. 第一次船上使用脱盐器是哪一年？ ………… (59)
85. 海水淡化有哪几种方法？ …………………… (60)
86. 什么叫做多级闪急蒸馏海水淡化？ ………… (60)
87. 世界上应用最普遍的淡化方法是哪一种？ … (61)
88. 风可以淡化海水吗？ ………………………… (62)
89. 在船上能进行海水淡化吗？ ………………… (62)
90. 红树为什么被称为"海水淡化器"？ ………… (63)
91. 海水能与淡水比高低吗？ …………………… (63)
92. 什么叫反渗透淡化法？ ……………………… (64)
93. 最有前途的淡化方法是哪一种？ …………… (65)
94. 什么叫电渗析淡化法？ ……………………… (65)
95. 电渗析淡化法的优势在哪里？ ……………… (66)
96. 蒸馏淡化法发明于什么时候？ ……………… (66)
97. 英国女王与海水淡化有什么关系？ ………… (67)
98. 世界上最大的海水淡化装置建在哪里？ …… (67)
99. 世界上最大的太阳能淡化厂建在哪里？ …… (68)
100. 世界上最集中的海水淡化装置区在哪里？ … (68)
101. 我国海水淡化技术达到什么水平？ ………… (69)
102. 为何海水淡化在我国没有大规模开展？ …… (69)
103. 我国第一个海水淡化站建在哪里？ ………… (70)

104.	我们目前海水淡化的情况如何?	(71)
105.	我国充分利用淡化海水的企业是哪一家?	(71)
106.	海水中有气体存在吗?	(72)
107.	大气与海水中的气体成分相同吗?	(73)
108.	我国最大的海盐产区在哪里?	(74)
109.	海水中的气体是从哪儿来的?	(74)
110.	大气中的气体是通过什么方式进入海水的?	(75)
111.	海水中的氧气有哪些作用?	(75)
112.	从海面到海底氧气含量是怎样变化的?	(76)
113.	海水中氧的浓度受什么控制?	(77)
114.	海洋中任何一部分水体都含有氧吗?	(78)
115.	海水为什么会出现缺氧状态?	(78)
116.	为什么黑海底层水域不含有氧气?	(78)
117.	缺氧水体在化学性质方面有什么特殊性?	(79)
118.	在无氧海区有生物存在吗?	(80)
119.	什么是 pH 值?	(80)
120.	pH 值有什么意义?	(80)
121.	海水的 pH 值有多大?	(81)
122.	什么是有机物?	(82)
123.	海洋有机物主要以什么形式出现?	(82)
124.	海洋中的有机物是怎么产生的?	(83)
125.	什么是光合作用?	(83)
126.	海洋中的光合作用是由谁来完成的?	(84)
127.	海水中的有机物含量通常是怎样表示的?	(85)
128.	海洋大气中也含有有机物质吗?	(86)
129.	大气能向海水输送多少有机物?	(86)
130.	什么是海洋中的营养元素?	(87)
131.	为什么只有氮、磷、硅被称为营养元素?	(87)
132.	海洋中的营养元素从哪儿来的?	(87)

133. 什么是营养盐? ……………………………… (88)
134. 磷元素有什么用途? …………………………… (89)
135. 阳光对海洋化学过程有什么影响? …………… (90)
136. 什么是胶体? …………………………………… (90)
137. 为什么称海洋为"胶体摇篮"? ……………… (91)
138. 海洋与人类呼吸有关系吗? ………………… (92)
139. 什么是海水电池? …………………………… (92)
140. 什么是放射性? ……………………………… (93)
141. 放射性元素在海洋学上有哪些应用? ……… (93)
142. 怎样从海洋里采取海水? …………………… (93)
143. 采水器有多少种? …………………………… (94)

三、海水的化学资源

144. 海水值多少钱? ……………………………… (97)
145. 海洋资源指的是什么? ……………………… (97)
146. 海洋中资源是怎样分类的? ………………… (97)
147. 什么是海水化学资源? ……………………… (98)
148. 海洋化学资源开发利用现状如何? ………… (99)
149. 人类从海水中获取的化学物质有哪些? …… (99)
150. 你了解"海水农业"吗? …………………… (100)
151. 从海水中获得的化学物质中价值最大的是哪一种?
　　　　　　　　　　　　　　　　　　………… (101)
152. 世界上最清洁的水在哪里? ………………… (102)
153. 为什么日本人越来越喜欢利用深层海水? … (102)
154. 从海水中获得的物质中数量最多的是哪一种? (103)
155. 是否可以利用海水种植蔬菜? ……………… (103)

156. 为什么说"死海"已经遍布全球？ …… (104)
157. 海水中存在多少氢能？ …… (105)
158. 你听说过从水中取火的奇事吗？ …… (105)
159. 渔翁探得什么"宝"？ …… (106)
160. 食盐的历史"身价"有多高？ …… (107)
161. 食盐对人的身体有什么作用？ …… (108)
162. "化学工业之母"是指什么？ …… (108)
163. 食盐是怎样从海水中提取出来的？ …… (109)
164. 我国用海水制盐的历史有多久？ …… (110)
165. 我国首次海洋资源化学研讨会什么时候召开？ …… (111)
166. 今天人类怎么制盐？ …… (111)
167. 世界上最大的盐厂建在哪里？ …… (112)
168. 我国最大的海盐产区在哪里？ …… (112)
169. 什么叫卤水？ …… (113)
170. 我国的卤水资源有多少？ …… (113)
171. 我国的盐产量占世界第几位？ …… (113)
172. 海水中的盐有能量吗？ …… (114)
173. 怎样利用盐能？ …… (115)
174. 溴对人类有什么作用？ …… (115)
175. 为什么溴被称为"海洋元素"？ …… (116)
176. 怎样从海水中提取溴？ …… (116)
177. 海洋中溴元素是如何被发现的？ …… (118)
178. 谁与溴元素的重大发现失之交臂？ …… (119)
179. 溴的提取方法是由谁发明的？ …… (119)
180. 溴的世界生产规模有多大？ …… (120)
181. 我国海水提溴的生产状况如何？ …… (120)
182. 碘对人类有什么作用？ …… (120)
183. 我国政府是怎样重视海藻提碘工作的？ …… (121)
184. 碘的"家"在哪里？ …… (122)

185. 谁发现了海水中的碘元素? ……………………… (122)
186. 谁是"采碘能手"? ………………………………… (124)
187. 怎样从海水中提取碘? …………………………… (125)
188. 我国科学家对海水提碘的贡献如何? …………… (125)
189. 金属镁对人类有什么用途? ……………………… (126)
190. 为什么要从海水中提取镁砂? …………………… (126)
191. 怎样从海水中提取镁? …………………………… (127)
192. 海水镁砂的纯度有多高? ………………………… (128)
193. 谁最先从海水中提取镁砂? ……………………… (128)
194. 最早从海水中提取镁砂的国家是哪一个? ……… (129)
195. 镁的产量与战争有什么关系? …………………… (129)
196. 世界上最大的海水镁砂生产厂建在哪里? ……… (129)
197. 海水提镁的世界产量有多少? …………………… (130)
198. 我国海水提镁现状如何? ………………………… (130)
199. 钾对人类有什么用途? …………………………… (130)
200. 海水中存在多少钾元素? ………………………… (131)
201. 怎样从海水中提取钾? …………………………… (131)
202. 为什么要跟海洋要钾? …………………………… (132)
203. 哪个国家最早从事海洋提钾研究? ……………… (133)
204. 我国为什么要重视海水提钾? …………………… (133)
205. 传统提钾的方法是什么? ………………………… (134)
206. 泡沸石有什么妙用? ……………………………… (134)
207. 你知道铀的用途有多大? ………………………… (135)
208. 你知道铀的能量有多大? ………………………… (135)
209. 世界什么时候进入核电兴旺发展期? …………… (136)
210. 世界上主要铀矿资源在哪几个国家? …………… (137)
211. 一吨铀的价值有多高? …………………………… (137)
212. 为什么要从海水里提取铀? ……………………… (137)
213. 怎样从海水中提取铀? …………………………… (138)

214. 哪个国家海水提铀技术最先进? ………… (139)
215. 我国海水提铀状况如何? ……………… (139)
216. 海水提取铀的最佳方法是什么? ………… (140)
217. 谁是世界上对海水提铀研究最早的国家? … (140)
218. 谁是第一个开发海水提铀的国家? ……… (140)
219. 什么是重水? …………………………… (141)
220. 重水的能量有多大? …………………… (141)
221. 重水的未来开发价值有多大? …………… (142)
222. 怎样生产重水? ………………………… (143)
223. 谁建立了世界上第一座重水工厂? ……… (143)
224. 什么是芒硝? …………………………… (144)
225. 怎样从海水中提取芒硝? ……………… (144)
226. 海洋中黄金含量有多大? ……………… (144)
227. 大海淘金能否成真? …………………… (145)
228. 什么是"可燃冰"? ……………………… (145)
229. 可燃冰是怎样形成的? ………………… (146)
230. 可燃冰是如何被发现的? ……………… (146)
231. 我国何时获取了可燃冰? ……………… (147)
232. 开采可燃冰有何利弊? ………………… (147)
233. 可燃冰的储量有多大? ………………… (148)
234. 中国可燃冰储量知多少? ……………… (148)
235. 世界上开采可燃冰的情况如何? ………… (149)
236. 我国对可燃冰的利用技术如何? ………… (149)
237. 怎样开采可燃冰? ……………………… (150)

四、无尽的海底宝藏

238. 神话也会成真吗? ……………………… (153)

239. 人类是从什么时候开始向海洋"寻宝"的？ …… (154)
240. 为什么开发海底资源存在很大的困难？ …… (154)
241. 什么是"国际海底"？ …… (155)
242. 人类快速开发海洋矿产资源始于何时？ …… (155)
243. 海底矿产资源到底有多少种？ …… (156)
244. 世界上海洋石油储量有多少？ …… (156)
245. 世界石油还可以开采多少年？ …… (157)
246. 种植天然气是不是科学家异想天开？ …… (157)
247. 最早的海上石油平台是铁的吗？ …… (158)
248. 你知道海底石油是怎样生成的吗？ …… (159)
249. 怎样开采海底石油？ …… (159)
250. 海上油田与陆地有什么关系？ …… (160)
251. 海洋石油产业占海洋总产业的比例是多少？ … (160)
252. 为石油"下海"的国家有多少？ …… (161)
253. 世界海底石油三大产区在哪里？ …… (161)
254. 海底石油储量谁居首位？ …… (162)
255. 打出海上第一口油井的是哪个国家？ …… (162)
256. 世界海上油气田有多少？ …… (163)
257. 为什么南海取"油"刻不容缓？ …… (164)
258. 为何我国在南海南部60年未产出一桶油？ …… (164)
259. 我国对海底石油资源调查是什么时候开始的？ …… (166)
260. 我国海底油气资源有多少？ …… (167)
261. 我国第一口海上油气井哪一年投产？ …… (167)
262. 我国第一个现代化海上油田在哪一年建成？ … (168)
263. 我国海上油气开采能力有多强？ …… (168)
264. 什么是锰结核？ …… (169)
265. 谁最早发现的锰结核？ …… (170)
266. 是什么造就了大洋锰结核？ …… (170)
267. 为什么说是"疯长"的锰结核？ …… (170)

268. 世界上最大的锰结核块有多大？ ………… (171)
269. 大洋底共有多少锰结核存在？ ………… (171)
270. 开采锰结核的有效办法是哪一种？ ……… (172)
271. 世界锰结核开发现状如何？ ……………… (173)
272. 你知道我国的国际海底矿区是多少？ …… (173)
273. 我国为什么重视大洋锰结核的开发工作？ (174)
274. 我国锰结核开发技术进展如何？ ………… (174)
275. 什么叫滨海砂矿？ ………………………… (175)
276. 进入规模开采期的滨海砂矿有多少？ …… (175)
277. 滨海砂矿是如何形成的？ ………………… (176)
278. 从滨海砂矿中可提取哪些金属？ ………… (176)
279. 滨海砂矿储量最大的是什么矿？ ………… (177)
280. 最早从滨海砂矿中取出金子的地方在哪儿？ …… (177)
281. 滨海砂矿中发现的最大金块有多重？ …… (178)
282. "金红石之乡"在哪里？ …………………… (179)
283. 世界上最大的金刚石砂矿在哪里？ ……… (179)
284. 最早进行海底金刚石砂矿勘探是哪一年？ (179)
285. 我国海岸带矿产资源有多少？ …………… (180)
286. 我国滨海砂矿开采情况如何？ …………… (180)
287. 什么是"海底金银矿"？ …………………… (180)
288. 海底热液矿是从哪里来的？ ……………… (181)
289. 海底热液矿是怎么发现的？ ……………… (182)
290. 海底有多少热液矿床？ …………………… (183)
291. 为什么美国人对热液矿感兴趣？ ………… (183)
292. 怎样开采热液矿？ ………………………… (183)
293. 人类何时发现海底磷钙石？ ……………… (184)
294. 海底磷钙石是怎样形成的？ ……………… (185)
295. 什么是"生命之石"？ ……………………… (185)
296. 海底磷钙石的储量有多少？ ……………… (186)

297. 什么是海底基岩矿？ ……………………………（187）
298. 海底基岩矿开采的现状如何？ …………………（187）
299. 世界著名的海底大铁矿是哪一个？ ……………（187）
300. "种瓜得豆"的海底硫矿是哪年被发现的？ ……（188）
301. 哪个国家称得上是"海底采煤大国"？ …………（188）

五、流泪的海洋环境

302. "二战"后人类对海洋做了哪两件大蠢事？ ……（190）
303. 海洋污染是怎么一回事？ ………………………（190）
304. 国际上对海洋污染是如何定义的？ ……………（191）
305. 为什么要提出海洋环境污染问题？ ……………（191）
306. 污染海洋的主要物质有哪些？ …………………（192）
307. 哪些废弃物被列入国际"黑名单"？ ……………（194）
308. 海洋石油污染数量有多少？ ……………………（194）
309. 石油进入海洋的渠道有哪些？ …………………（195）
310. 世界首次油轮溢油事件在哪一年发生？ ………（195）
311. 世界上油轮事故有多少？ ………………………（196）
312. 一次溢油会造成多少损失？ ……………………（197）
313. 世界上最严重的海上井喷发生在何时？ ………（198）
314. 谁该对20世纪末最大的石油污染事件负责？ …（198）
315. 哪种污染物对海洋破坏最普遍、最严重？ ……（199）
316. 什么是黑色灾难？ ………………………………（200）
317. 谁使设得兰群岛逃过一场油污浩劫？ …………（202）
318. 我国海域溢油事故有多少？ ……………………（202）
319. 我国最严重的近海石油污染事故发生在哪一年？ …（203）
320. 黄岛油库爆炸是怎么发生的？ …………………（204）

321. 海洋放射性污染对人体危害有多大？……………（205）
322. 为什么人们会"谈核色变"？………………………（205）
323. "比基尼"事件为什么影响久远？…………………（206）
324. 核潜艇的归宿在哪里？……………………………（207）
325. 什么灾难掩盖了30年？……………………………（208）
326. 离我们最近的核潜艇遇难事件发生在何时？……（209）
327. 世上有让科学家预想不到的后悔事吗？…………（210）
328. 哪一种农药对海洋造成危害最大？………………（211）
329. 海洋"空降"滴滴涕有多少？………………………（211）
330. 世界上真正的"净土"在哪里？……………………（211）
331. 海洋污染会对海洋生物造成何种危害？…………（212）
332. 海鸟为什么会灭绝？………………………………（213）
333. 谁是毒害贝类的凶手？……………………………（213）
334. 海洋会报复人类吗？………………………………（214）
335. "汞"怎么会引起世界的震惊？……………………（215）
336. 为什么会出现"哎唷——哎唷病"？………………（216）
337. 海洋的负担有多重？………………………………（217）
338. 谁最早向海洋倾废？………………………………（217）
339. 谁更应该对海洋环境负责？………………………（217）
340. 我国向海洋倾废情况如何？………………………（219）
341. "东方瑞士"优势还可持续多久？…………………（219）
342. 世界上污染最严重的海域是哪一个？……………（220）
343. 为什么说黑海已面临"死亡"？……………………（220）
344. 地中海会再次"死亡"吗？…………………………（221）
345. 我国近岸海域水污染情况如何？…………………（222）
346. 我国哪个海区污染最重？…………………………（223）
347. 什么是海洋的自净能力？…………………………（223）
348. "富集"会使人们更聪明吗？………………………（225）

349. 污染对海洋生物危害有多大？ (225)
350. 谁"镇"住了上海人？ (226)
351. "海蛎子味"如何得名？ (226)
352. "海鲜"为什么不鲜了？ (227)
353. "海鲜"为什么会发臭？ (227)
354. "海鲜"能比人更敏感吗？ (228)
355. 食蛤中毒死了多少人？ (229)
356. 你听说过海豹医院吗？ (229)
357. 人体病毒会传给海洋动物吗？ (230)
358. 塑料怎么会成了海洋动物的杀手？ (230)
359. 鲸鱼为什么会集体自杀？ (231)
360. 有乌贼集体自杀的怪事吗？ (232)
361. 海洋热污染是怎样发生的？ (232)
362. 噪音为何被视为海洋动物新杀手？ (233)
363. 为什么说珊瑚礁也是珍贵的资源？ (234)
364. 珊瑚礁是如何遭到破坏的？ (235)
365. 人类是怎样保护珊瑚礁的？ (236)
366. 什么是赤潮？ (236)
367. 赤潮一定是红色的吗？ (237)
368. 为什么会发生赤潮现象？ (237)
369. 中国海域发生过赤潮吗？ (239)
370. 什么叫红树林？ (239)
371. 为什么要保护红树林？ (240)
372. 海底"雪花"哪里来？ (241)
373. 为什么会有"海雪"奇景？ (241)
374. 如何区别海水的质量好坏？ (242)
375. 海水的污染可以消除吗？ (243)
376. 有什么办法可以消除海水污染？ (243)

377. 细菌为什么会清除石油污染？ …………… (244)
378. 控制海洋污染的首要任务是什么？ ……… (245)
379. 如何在海洋污染控制中应用新技术？ …… (246)
380. 我国首次海洋污染调查是在哪一年？ …… (246)
381. 国际社会已建立的海洋环境保护法规有多少？ … (248)
382. 联合国海洋法对各国有哪些要求？ ……… (248)
383. 我国已建立海洋环境保护法规有多少？ … (249)
384. 世界上最早的环境保护法出自哪个国家？ … (250)
385. 世界自然保护区有多少？ …………………… (250)
386. 谁是最早倡导"天然资源"保护的人？ …… (251)
387. 我国最大的自然保护区是哪一个？ ……… (251)
388. 什么是海上"安全岛"？ …………………… (251)
389. 为什么要建立海洋自然保护区？ ………… (252)
390. 世界海洋自然保护区发展如何？ ………… (252)
391. 世界上最大的海洋自然保护区是哪一个？ … (253)
392. 我国已设立多少海洋自然保护区？ ……… (253)
393. 什么是"绿色和平"组织？ ………………… (254)
394. "绿色和平"组织是环保类组织吗？ ……… (255)
395. 谁是捕杀鲸鱼的"刽子手"？ ……………… (255)
396. "绿色和平"组织是怎样保护海洋动物的？ … (256)
397. "地球日"是怎样诞生的？ ………………… (257)
398. 联合国为什么要设'98国际海洋年？ …… (258)
399. 海水腐蚀研究有什么意义？ ……………… (258)
400. 海水腐蚀能力有多强？ …………………… (260)
401. 金属在不同海水中腐蚀速度有区别吗？ … (260)
402. 不同海洋环境腐蚀结果有什么区别？ …… (261)
403. 什么是电池腐蚀？ ………………………… (262)
404. 同一种金属也能形成电池吗？ …………… (263)

405. 为什么不锈钢也会生锈？……………………（263）
406. 海水腐蚀的"罪人"到底是谁？……………（264）
编后记 ……………………………………………（265）
《海洋小百科全书》分类目录 ……………………（266）

海洋化学

海水的趣味故事

1. 水是从哪里来的？

科学实验证明，水是人类的第二生命。你知道水是从哪里来的吗？也许你会说水是从天上掉下来的，果真如此，天上的水又是从哪里来的呢？实际上，水主要是从海洋中来的。据估计，每年从海洋中蒸发到空气中的水分达5.05万亿立方米，这些水分的一部分被输送到陆地的上空，以雨、雪等形式降落到地面，从而为人类源源不断地补充了所需的淡水。试想，如果没有了海水，人类在这个地球上还能够生存下去吗？

海浪翻滚的情景

2. 海里的水是从哪里来的？

陆地上的水是从海里来的，可海里的水又是从哪里

来的呢?这个问题至今还是个科学之谜。若想揭开这个谜,只有根据现有的发现做出推测。在几十亿年以前,地球刚形成时,表面干燥,没有河流,也没有湖泊和海洋,当然也就没有生命。对于海水的来源,目前存在两种观点:一种观点认为,地球上的水是太空中的彗星在从地球旁边经过时,抛洒在地球上的;另一种观点认为,地球上的水来自地球内部,是通过火山爆发等形式喷送到地球表面的。根据近期的科学考察,取得了许多支持后一种观点的新证据,原始的海洋之水由地下喷发而来的观点越来越得到了人们的承认。

3. 人类与水有什么关系?

35亿年前,地球上最早的生物是在水里产生的。现代人类虽然已经高度进化,但依然离不开水。你知道人身上水分占多少吗?一个体重60千克的普通人,他全身的水分约占40千克,也就是说人身上大部分都是水。婴儿在母亲胎里时,周围也都是水,所以刚出生的婴儿并不怕水。多年以前,在法国一个游泳池里,一个不满周岁的小孩沉到水里,当人们救他时,却发现他不仅没有被淹死,反而正睁大眼睛看水下的光景呢!其实,这并不奇怪,自古以来人类就与水有着难以割舍的亲缘关系,因为,生命起源于海洋。

4. 谁发现了地球是个"水球"?

你知道人类第一艘载人宇宙飞船是哪一年飞上太空的吗?第一个飞上太空的宇航员又是谁呢?那是在1961年4月12日,早晨9点零7分,前苏联在哈萨克斯坦共和

国发射了世界上第一艘载人宇宙飞船。这第一个飞上太空的宇航员就是加加林。当他在太空中观看地球时,竟情不自禁地惊呼:"多美啊!看哪,地球是蓝色的!"他看到的地球四周围绕着一层淡蓝色的光,就像一个镀着蓝色的金属圆盘挂在空中。后来的宇航员们都说,我们生活的地球起错了名字,应该叫水球更确切些,因为在地球5.1亿平方千米的表面积中,约71%是海洋,从太空看到的地球实际就是个大水球。

5. 海水是蓝色的吗?

海水是蓝色的吗?对于这个问题,你也许会觉得奇怪。海水不是蓝色的,那是什么颜色的?如果做个实验,把海水放在玻璃瓶里时,你会发现:海水本身是无色的。

海水本身是无色的,那大海看上去为什么是蓝色的呢?这是因为,我们通常用肉眼看太阳光是白色的,但实际它是由赤、橙、黄、绿、青、蓝、紫7种光组成。这7种光线有不同的波长。当太阳光照在海水中时,不同深度的海水吸收了不同波长的光。由于红、黄等光波长较长,最容易被海水吸收,而波长较短的蓝、绿光射入海水后,被海水散射或反射回来,所以海水对蓝光和绿光吸收的就少,而反射的多。越深的海水折回到海面上来的蓝光越多,因此我们看到的大海便是蓝色一片了。

观测海水颜色示意图

6. 海洋都是蓝色的吗?

世界上不仅有黄海、黑海,而且还有红海、白海呢!之所以说大海是蓝色的,那是指通常情况下是这样,而有些特殊的海域由于水的深度,水中悬浮物、浮游生物和海底的地质、气候等情况不同,海水的颜色也就有了明显的差别。比如:我国的黄海,由于受黄河水入海的影响,从天空看下来,黄海水域的水浑黄一片。那么,红海水域的水为什么是红色的呢?这主要是红海海水中有大量红色藻类生物存在,所以看上去海水是红色的;黑海的海水是由于黑海的海底堆积着大量的污泥,在海风和潮水作用下,海面掀起的浪花都是黑色的;白海是北冰洋的边缘海,由于到处是冰天雪地,海面被冰雪覆盖着,看上去海水是一片洁白,自然就由此得名了。

7. 黄海的名称从何得来?

我国有4个海区,它们是渤海、黄海、东海和南海,带有色彩含义的就是黄海。黄海的名称与黄河有没有直接关系呢?

黄河是中华民族的母亲河。历史上黄河流域气候温暖湿润,陆地上草原茂盛,河水清澈透明,是我们祖先世代繁衍生息的地方。可后来,由于世界性的气候变化和人为破坏,自然生态环境逐步恶化,植被被破坏,地表裸露,无情的河水冲刷黄土,掺杂着大量的泥沙,汇集成滔滔黄龙,直泻入海。黄河水所流及海域的海水,也由蔚蓝变成了浑浊的黄色,这就是黄海得名的由来。

海鸥在海面上飞翔

8. 黄河的水流入黄海吗?

黄海是由于黄河水流入而得名,但是,从现在的地图上看,黄河水并没有直接流入黄海。黄海位于山东、江苏两省沿岸和朝鲜半岛西海岸之间,而黄河入海口是在渤

海,这是为什么呢?这实际上是沧桑巨变的典型例证。原来,历史上黄河曾经在江苏省连云港以南一带,也就是现在的南黄海地区入海,同长江一样直接向黄海倾泻巨量的河水和泥沙。只是因为黄河水中的泥沙量过大,不断地淤平河床,所以黄河改道就成了家常便饭,在胶东平原到处都留有黄河改道的身影。只是近100年来,黄河的入海口才改道在山东东营地区流入渤海。由于黄海、渤海的水能通过渤海海峡进行交换,所以今天的黄河依然影响着黄海。

9. 海水温度变化有什么特点?

对于陆地上的气温变化,大家都比较熟悉。我国北方地区年气温变化较大的超过50℃,而且随季节变化十分明显;南方年气温变化虽说没那么大,可也在20℃左右。那么,海水的温度变化是否也有这样的规律呢?

海水的温度,尤其是表层温度,一年四季都在变化。在赤道和高纬度海区表层水温年变化较小,一般不超过2℃。而在中纬度海区,尤其在我国海域跨度内的北纬35度附近,年变化可在12℃以上。在浅海,海水温度的年变化更大。

表层海水温度变化如此,那深层海水温度变化又如何呢?在地球上的热带海洋,水面温度一般为24℃～30℃,而到了水下760米处,水温就降到了4.5℃～7.2℃,到1500米以下时,水温常年维持在2℃左右。这就出现了上为"酷暑",下为"严寒"的水温变化特点。

10. 海底热泉有什么神奇妙用？

通常深海底层的水温最低的在 2℃，表层水温最高的也在 30℃ 左右，怎么会有几百度高温的海水呢？

1978 年，美国科学家在东太平洋海域 2000 米深的海底首先发现了这种奇怪的现象。温度高达 350℃ 的海水，从海底的一座座小"山包"中冒了出来，形成"烟柱"状，在海水中慢慢向外扩散，科学家们把它们叫作海底热泉。

科学家经过进一步考察发现，这种热泉的出现主要是由于海底岩石破碎后，海水通过裂缝下渗进去，而地壳内部高达 1000℃ 的岩浆将渗入的冷海水烧热后再沿着裂缝返回到海底，也就形成了上面所说的热泉了。这种热泉的作用可大了，它不仅可以加热底层海水，重要的是它把岩浆中许多金属元素也一起带出了地壳，形成了人类比较容易开采的新的海底金属矿产资源。

11. 海水为什么是咸的？

看起来湛蓝的海水清澈透明，比河水还要干净得多，可是如果你尝一口，就会发现"庐山真面目"，它不仅奇咸无比，而且又苦又涩。这是为什么呢？这是由于海水里溶解了好多种盐分的缘故，其中最多的当然要算氯化钠，它就是我们日常使用的食盐。苦涩的味道是由于海水中溶解了镁和其他盐类的原因，如硫酸钙、硫酸镁、硝酸钾、氯化镁等。在通常情况下，1000 克海水中含有盐分 35 克，其中，食盐 27 克。只要在 1000 克淡水中加入 0.5 克食盐，便能感到咸味了，海水中盐分含量那么高，怎能不咸呢？

12. 人类为什么不可以直接饮用海水？

人类为什么不可以直接饮用海水？是由于它又苦又涩，还是另有原因？要弄懂这个问题，恐怕要从人的身体器官功能说起。人每天摄入体内的大量的水都是经过肾脏，将水变成尿或汗排出体外。人的肾脏排泄功能是有限的，一般排泄盐的浓度不能超过2‰，而海水的含盐量却高达3.5‰。如果人类直接饮用了这样高盐度的海水，不但会使泌尿系统负担过重，而且为了排出饮用100克海水带入的盐分，人体还要额外补充75克的淡水才能把海水冲淡到2‰而排出，这样人体内就要排出175克的水分。如果人体饮用海水后，没有淡水补充，那只能消耗体内原有的水分了。这就是海上遇难的人们在饮用大量海水后，导致最终脱水而死亡的根本原因。面对大量海水却不能饮用,无怪乎远洋船员们评价海水为"上帝的恶作剧"。

13. 海水真的就不能直接饮用吗?

海洋中有千万种生物,它们都能直接依靠海水生活,而且存活得很好,唯独人类不行。日本电影导演斋藤实在一次执行海上拍摄任务时,遭遇了台风袭击,最终死里逃生后,他对探索如何利用海水维持生命,向生命极限挑战产生了强烈欲望。

他在调查中发现,海上的遇难者由于饥渴喝海水死亡的人数比没喝海水死亡的高出12倍。而更意外的是:第二次世界大战中3名遇难的水兵在海上漂流时,完全靠喝海水度日,2人很快死亡,而另1人漂流了34天后还活着。这个活着的水兵说:开头两天,他渴极无奈时只用海水湿一下舌头尖,可是3天后,再也憋不住时,便拼命喝起了海水,结果竟奇迹般地活下来了。随后,斋藤实组织了海上生命极限漂流队进行漂流试验,最后总结出:如果用三分之一海水和三分之二淡水混合起来,那尽管喝好了,完全用不着担心生命危险。如此看来,如果饮用得法,海水还是可以直接饮用的。

14. 海鸟为什么可以喝海水?

在一望无际的大海上,船员们经常看到各种各样的海鸟在海面上飞翔,它们时而展翅高飞,时而落在海面,饿了,吃海中丰富的鱼虾美味;渴了,饮上几口"鲜美"的海水,真是其乐无比。人们对海鸟胆敢直接饮用海水羡慕不已,难道海鸟有什么特殊本领吗?不错,海鸟体内都

有一种叫作排盐腺的器官。排盐腺就像人类使用的海水淡化装置一样,能排除体内过剩的盐分。有人用海鸥做过一个实验,用导管把134毫升海水灌到一只重1420克的海鸥体内,结果海鸥只用了3小时的时间,就把海水中的盐分全部排出来了。在海鸥排出的131.5毫升的分泌液

欢腾的海鸟

中,有56.3毫升是排盐腺分泌的,其余从正常的排泄渠道排出。排盐腺分泌的液体虽少,但排出盐类的量却比正常渠道排出的量高10多倍。由此可见,海鸟真的有将盐分很快排出体外,达到维持自身体液平衡的本领,而人类确实自愧不如。

15. 植物是否也能"喝"海水?

植物是否也能直接"喝"海水这个问题,对千百万年来就生长在海洋中的各类植物来说是不言而喻的。如果陆地上的农作物也都可以用海水灌溉的话,对于许多严重缺乏淡水的地区,不就会避免由于缺少淡水而带来农作物的减产或绝产之患了吗?当历史进入20世纪80年代以后,人们从红树林能生长在沿海湿地中受到了启发,

并广泛地进行了用海水直接灌溉农作物的探索研究。现在已经发现,人们普遍熟悉的蔬菜,如:西红柿、卷心菜、胡萝卜、甜菜等,用海水灌溉后,不仅长势更好,而且含糖量还高。用海水灌溉的首蓿,产量比用淡水灌溉的增加了9倍多。美国的一位科学家和他的学生,进行了20多年的育种实验,还培育出了用海水灌溉也能茁壮生长的大麦和小麦呢!目前,科学家们还在通过改变植物遗传基因、培育耐盐农作物等多种手段,进一步扩大陆生植物直接"喝"海水的范围,从而给未来农业带来了新的希望。

16. 海水会越来越咸吗?

我们已经知道,海水的咸味是由于从陆地上冲刷进入海里的盐分引起的,那么,年复一年的雨水冲刷,河流输送,海水不是会越来越咸吗?实际上,这种担心是不必要的,因为海水有一种自我调节的"神奇功能",这种功能可以使海水长期维持在一定盐度,不会越来越咸。这是因为:随着陆地上的可溶解的物质进入海洋,当它们达到一定浓度后,便会互相结合成不溶性的物质而沉到海洋底部,不会无限制地增加浓度。还有一些物质,虽然本身是可溶的,但却在生物死后随尸体沉到海底,与海底的物质结合起来而离开海水。还有许多物质会被各种海洋生物"吃掉",从而降低了盐分在海水中的浓度。另外,海面上的大量降雨,地球升温,南极洲和北冰洋的冰山融化,也都会有大量的淡水进入海洋,也使海水稀释而降低了含盐量。所以,尽管海洋已形成了38亿年,海水中的含盐量却没有太大变化。即使某些局部海域,由于大量淡

水或高盐水的入侵而使盐度发生变化,随着海水的流动,这种变化也会很快恢复正常。所以,总的来说,海水咸度会保持相对平衡的状态,是不会越来越咸的。

17. 海洋中哪儿来的淡水?

海洋中都是海水,海水又都是咸的,哪儿会出来淡水呢?要想解开这个谜团,你就必须开阔一下思路,从海洋的底层去找答案了。原来,降到地面的雨水会慢慢地渗入地下,如果地下的透水岩层或裂缝向海洋里倾斜,那

么,渗入地下的雨水就会形成一个河流。在重力的作用下,这条河流就隐藏在海底的地层下面,一旦遇到出口,地下河水就会像泉水一样喷涌而出,而且喷出的淡水在海流作用下,还会形成"淡水河"呢!如果喷射的高度到达海面,我们就可以在海面上看到一个颜色与周围海水

不同的圆形区域,其水温也与周围海水不同,人们称之为海洋中的"淡水井"。在美国佛罗里达州和古巴之间,海面上就有一个直径30米的淡水区。在我国福建古雷半岛东面500米的海面上,也有一个淡水区,当地人叫它"玉带泉"。现在世界上已经发现了很多这种淡水喷泉。

18.海水是怎样混合的?

具有不同特性的海水,彼此渗透并向对立的方面转化,从而使该海区内海水的性质趋向均匀,这一过程称为"海水混合"。海水混合的结果,就是形成了海水性质均匀一致的新的"水团"。海水的混合有三种形式:"海水湍流混合"、"海水对流混合"和"海水分子混合"。在不同的情况下,它们分别扮演不同的"角色"。

海水湍流混合也就是海水涡动混合,它是海水混合的重要形式之一。由于湍流混合是尺度不等的流体块之间进行的动量、热量及盐量的交换,因此,混合效应十分显著。海水湍流混合主要靠外力作用,如风、潮流等的搅动而引起。海水湍流混合在垂直方向和水平方向都能发生,但水平方向的混合效应比垂直方向上的混合效应要大得多。

海水对流混合是指海水上下的交换作用。这是当上层海水的密度大于下层的海水密度时,在重力作用下,上层海水下沉,下层海水则上浮。最终将破坏海水中密度变化比较大的跃层,从而使海水各部分的性质趋向一致。

海水通过分子运动,达到彼此之间热量、盐度及动量的交换,这种过程称为"海水分子混合"。由于分子运动的规模比较小,而且速度也比较慢,这种混合所产生的效应相对于庞大的海洋来说,是非常微小的。但这种混合却无处不在,不管你注意不注意,它都在不停地"工作",以期作出自己的贡献。

19. 海水充分混合一次需要多少时间?

看过上面的介绍,你可能已经知道海水是不停地混合运动着,那么,你知道海水完全混合一次需要多少年吗?在这方面,海洋学家已经做过实验,他们用碳的同位素作为地球化学示踪剂,测得海洋循环交换时间约为1600年。这种研究结果表明,每年在海洋表层和深层交换的水的体积大约相当于整个海洋2米厚的一层水,因为海洋深层贮圈的平均厚度为3200米,在深层和表层之间每年迁移2米厚的海水,就得到深层海水中的平均停留时间为1600年。但是,每年2米的交换率只是一个平均值,它与很强的上升流的海区中垂直运动速率相比是很小的,上升流垂直运动的速率为1米/天~2米/天,而表层流的运动速率更大,平均速率为1米/秒~2米/秒。所以,它的实际充分混合一次的时间可能会更短。

20. 什么是人工海水?

在一些高级饭店或餐馆的水族箱中,一些本来生活在海水中的鱼、虾、贝、蟹,仍能安详地活着。这是为什么?现代技术虽然已经解决了活鱼、活虾的空运保活问题,那么,放养需要的海水难道也是从海边空运去的吗?一些内陆中心城市的水族馆里,大量的海洋生物在水池中、水族箱中,犹如在海洋中一样生活,那么,这些海水又是从哪里来的呢?原来,自从1876年海水的化学组成之谜被解开以后,人们就根据不同的需要,开始了人工配制海水的研究。现在,人们已经掌握了人工配置海水的基本方法和技术,利用这些配置技术就解决了内陆地区各种餐馆、饭店、水族馆中海洋生物的放养问题了。

配制人工海水的海水素

21. 人工海水如何配制?

海水中除了纯净的淡水以外,还含有80多种盐类物质,这些物质中主要有氯、钠、镁、硫、钙、钾、溴、碳、锶、硼、氟等十几种元素,它们占海水中盐类的99.8%～99.9%。海水之所以有与河水不同的冰点、沸点、密度、光学性质等,主要就是这些元素造成的。人们可以根据这些物质在海水中的比例不同,来配制出人工海水。当然,人工配制的海水不能完全像真正的海水那样,只能是"像"或"很像"

配制海水示意图

海水。人工配制海水的方法还有许多种呢！人工配制海水就是把各种化学物质,按照一定的比例放在一起(通常称"海水素"),然后加入一定量的淡水,使这些化学物质完全溶解于水中就行了。目前,根据不同需要,有的采用"列曼"配方,有的采用"卡尔"配方。这些配方加入的化学成分都在9种以上。

最简单的配制方法是把32克氯化钠(食盐),14克硫酸镁,0.2克碳酸氢钠溶解在蒸馏水中,冲稀到1升就可以了。这种人工海水的味道,同真海水相比恐怕就已经难分真假了,如果你没有尝过海水的味道,不妨配制一点,尝试一下。

22. 什么是标准海水?

海水就是海水,为什么要在前面加"标准"两个字呢?这是由于国际上的海洋化学家们,为了使自己测定的海水盐度数据具有可靠性和通用性,他们确定了世界上统一的海水标准,即国际标准海水。这种标准海水最早是由丹麦的哥本哈根水文研究所制定,供世界各国海洋研究单位使用。后来由于各国的大量需要以及运输价格等原因,很多国家根据国际标准海水配制方法,自己生产出本国的标准海水,也就是所谓的副标准海水。

23. 我国的标准海水在哪里生产?

我国最早的标准海水厂生产的是一种副标准海水,其生产工艺和标准于1964年通过国家鉴定,工厂设在原青岛海洋大学校内。这个标准海水厂生产的标准海水主要提供给我国的海洋研究和海洋调查等部门,作为对海水盐度的测量标准使用。

中国海洋大学崂山校区图书馆

1986年,我国国家海洋局标准计量站也生产出系列标准海水,它主要是作为海洋计量鉴定部门用于鉴定盐度测量仪器使用的。

24. "死海"为什么淹不死人?

人们都知道,水能淹死人,海水更是如此。但是,世

人在海面漂浮读书示意图

界上却有淹不死人的水,那就是著名的"死海"里的水。在死海里,你可以自由自在地以任何姿势游泳而不必担心沉下去,哪怕你并不会游泳也没关系。知道这是为什么吗?这是由于死海海水的高盐分造成的。一般海水的盐分含量为3.5%左右,而死海的盐分含量却高达27.2%,使此处海水的密度高达1.3克/立方厘米。人体的密度则是1克/立方厘米,比死海的海水密度小得多,所以,人躺在死海的海水里就会有大约十分之三露在水面上,也就不会被淹死了,甚至要想把自己的脚插入死海的海水里,还要费很大的力气呢!

25. 为什么"死海"的水里含有那么多盐?

死海海水含有高于其他海域接近10倍的盐分,你知道这是为什么吗?这是由于它所处的地理位置和气候因素造成的。死海位于亚洲西部的巴勒斯坦和约旦的边境上,它低于海平面392米,四周的河流均流入死海。这些河流流过的地方大都是一些沙漠和石灰岩地层,含有丰富的矿物盐,当河水流过这些地层时,这些矿物盐便跑到河水里,随河水流入死海。而死海又没有流出口,海水无法同其他海水交换,再加上这里终年炎热少雨,水分大量蒸发,于是以食盐为主的矿物盐分就留在了这里。这样,日积月累,死海便形成了现在的高盐海了。

26. 河口区的水有什么特点?

河水是淡水(或称低盐水),而海水是组成复杂的高盐水。在河流的入海口水域,河水与海水混合,就形成了具有中等盐度的半咸水。除此之外,由于不同河流的河水流量不同,挟带的固体物、悬浮物不同,而不同河流入海处海水的潮汐状况也不同,就使得地球表面这两种最主要的天然水混合后,发生的物理变化和化学变化就相当复杂,所以化学上建立了独立的河口化学,以便于对河口区进行分类研究。

27. 雨水与河水谁更像海水？

雨水与河水,谁更像海水？从雨水、河水和海水中溶解盐类的比例来看(即钠、钾、镁、钙、氯、碳酸离子和硫酸根离子的比例),由于在海洋中,大量携带有空气的水气泡上升到海面,在波浪等作用下在海水表面上破裂,向大气输入了大小不同的水滴,同时也把它所包含的各种盐类、气体和颗粒物质输向大气,这些成分大部分又由降雨带回到海面,所以,应该是雨水的组成更接近于海水的组成。但是,需要说明的是,随着陆地离开海洋越远,这种现象越不明显。

28. 海水浴对人体有哪些好处？

在炎热的夏天,当你踏过金色的沙滩,双脚淌在那清凉的海水中,迎面吮吸着凉爽的海风,遥望远处海面飞翔的海鸥,该是多么令人心旷神怡呀！当然,若你再小试水性,在海浪中奋力一搏,则不仅能增强你的意志,锻炼你的体魄,还可以享受到海浪为你提供的免费按摩呢！为了缓解游泳的疲劳,当你躺在柔软的沙滩上享受着温暖的日光浴时,太阳的紫外线又无偿地为你消毒和杀菌,会使你的皮肤增强抵御各种疾病侵蚀的能力。除此之外,海水还可以治疗许多疾病呢！

29. 工业上怎样直接利用海水？

由于海水的廉价与易取，自20世纪60年代开始，世界上许多国家已经在沿海企业，如发电厂、石油化工行业广泛利用海水作为工业生产的冷却水。到1995年，日本仅在电力工业一个行业，海水用量就达1590亿立方米。早在1935年，我国青岛就在发电行业率先使用海水作冷却水。目前，我国的大连、天津、潍坊、烟台、上海等城市在工业生产上已经广泛使用了海水。至今，我国沿海工业每年直接使用海水量达200多亿立方米。

30. 海水在日常生活中的应用如何？

在我们沿海城市的生产生活中，海水的应用已十分普遍。比如：海水经过必要的简单处理后，可以用于工业生产过程的除尘、净污、冲渣、化盐等；在日常生活中，如冲厕、洗刷、消防等；在娱乐场所，如水族馆、游乐场、游泳池；在宾馆、饭店，甚至在居民家庭中海水水族箱也已经广泛应用。就连生活在海边的人们在食用蛤蜊之前,也还要用新鲜海水"吐沙"、清洗呢!

31. 你知道海水助战的故事吗?

故事发生在1950年9月15日,侵略朝鲜的美军决定利用将要发生的海面大潮,趁机从朝鲜西部港口仁川登陆,以消灭朝鲜人民军的有生力量。因为仁川将要发生的大潮足有9.2米高,完全适合军事登陆行动。美军认真计算了涌潮时间,并进行了周密的兵力部署。他们将一个营的兵力布置在近海,专等在涨潮时强行登陆,而海上停泊的巡洋舰,准备在潮头刚起,人员尚未登陆时炮击人民军的阵地,以掩护美军登陆。这场行动算得上是周密策划、苦心经营了。

果然没过多时,海面传来隆隆的潮涌声,紧接着潮水卷着浪花,后浪推着前浪,层层叠叠,越涌越高,来势凶猛。停在海上登陆船上的一营美军,借助潮势倒是很顺利地登陆了。可随后,"轰!轰",呼啸而来的炮弹在美军头上开了花,卧倒在地上的美军指挥官仔细一听,炮弹竟是巡洋舰上自己人打来的。士兵们气得直骂娘,可是,骂不能解决什么问题,在没有任何隐蔽的海岸上,他们只好双手抱头,祈祷上帝保佑了。

原来,巡洋舰上的美军计算错了涨潮时间,真正的海潮已提前来到。军舰上的指挥官却一点也不知道,时间一到,准时开炮。他们狠狠地把成吨的炮弹砸向"人民军"阵地,待得意地返航后才知道,他们把一营的自己兄弟一个不剩地全"报销"了。

32. 海水还有其他用途吗?

一列普通火车的载货量是多少呢?大约是0.3万吨。那世界上最大的货轮能载多少吨呢?70万吨,相当于233列火车的运载量。到21世纪的今天,世界海运船舶总载重量已经达到10亿吨之多。世界海洋运输业的蓬勃发展,在世界经济的发展中占有越来越重要的地位。除此以外,海水的贡献还有:人类直接利用海水进行潮汐发电,波浪发电,温差发电,盐差发电等也已经有很长的历史了。

33. 能用海水洗衣服吗?

平时洗衣服都是用河水、井水或自来水,海水是不是也可以用来洗衣服呢?这个问题并不那么简单。要想用海水洗净衣服的污渍,用肥皂不行!因为海水是高碱性

海水的去污功能示意图

的,肥皂也是碱性物质,用海水洗衣服打肥皂,那是"雪上加霜",越洗越脏。用洗衣粉不行!因为洗衣粉不溶解于海水,用洗衣粉洗那是"瞎子点灯白费蜡"。那么,怎么能用海水洗衣服呢?现在,这个问题已经得到解决,一种液体的合成海水洗涤剂已经能够满足人们的需要。这种洗涤剂用在海水洗衣服时去污迅速,洗涤效果好,不损伤纤维,衣物也不褪色。如果根据需要再掺入果香料或草香料,还可配制不同用途的洗涤剂,用来洗餐具和水果。这种洗涤剂虽然好,可也有美中不足的地方。由于这种洗涤剂不能使海水脱盐,所以将污垢洗掉后,还需要用少量淡水冲洗掉衣物上的盐分。

34. 世界上最大的"淡水库"在哪里?

在我们这个地球的最南端,有一块常年被冰雪覆盖的陆地,连同附近的岛屿在内,总面积约1400万平方千

南极一景

米,这就是地球上最大的"冰库"所在地——南极洲。有人计算过,如果将南极洲的2450万平方千米的冰全部融化成水,它可以使全球海面上升70米!你们说,有这么多的淡水储存在南极,它还算不上一个真正的大淡水库吗?

35."远水"是否能解"近渴"?

南极的冰融化后几乎是个取之不尽的淡水库,但这个淡水库对我们到底有多少价值?它毕竟离我们太远了,运输就是个最大的难题。可能有人会想到,用飞机运冰不是最快吗?实际上,不仅是用飞机运冰不行,所有的"飞行"运输方式都不可取,因为成本太高了,任何国家也承受不起。但还是有人想出了新办法,用船!根据计算,一座长2千米,宽0.5千米,平均厚度为250米的冰山,只

要用相当于28万马力(仅相当于美国"企业"号航空母舰三分之一的动力)的动力船,就可以运走它。专家们认为,拖到岸边的冰山,即使化了一半,也比淡化海水合算。看来,若有一天人类真的被淡水逼急了,真有可能派航母去执行运冰任务呢。

36. 联合国为什么要发出"水荒"的警告?

在地球总水量中仅有3%是淡水,这仅有的3%中,还有85%的淡水是以冰山的形式存在,14%是地下水,0.3%掺和在土壤中,0.05%在大气中,最后,人类可以利用的还不足淡水总量的0.65%。

另据联合国统计公布,世界上4个用水大国,美国、俄罗斯、印度和中国,占世界人口约50%,用水量占全球用水量的45%以上。这4个大国中常常发出用水告急的消息,我国就是一个典型的例子,年年都有人畜用水告急的警报。号称"世界油库"的沙特阿拉伯,买一瓶淡水的钱竟可以买40瓶同体积的石油,"滴水"是不是真的贵如"油"?

一面是自然界淡水告急,一面又是人类无节制的污染,许多江河、湖泊乃至地下水都出现了严重污染而不能饮用。现在人类可利用的水已经远远低于0.65%,可是人口却又偏偏继续增长,人类呀,将来喝什么,难道不是个大问题吗?

37. 海水的冰点是多少?

在小学的自然课中,老师就教我们,水在100℃沸腾,在0℃结冰,那么,海水是不是也一样呢?应该说,海水不同于淡水,它没有一定的冰点,冰晶开始形成的温度主要取决于海水的盐度。当海水平均盐度为35(1千克海水中含有溶解物质的总量,克/千克)时,海水的冰点为零下1.9℃(通常讲是零下2℃左右),海水的盐度越高,冰点就越低。

38. 海冰里也有盐分吗？

由于地球上淡水的缺乏，所以，许多人提出了将极地区域的冰山作为陆地淡水储备的设想。那么，这些来自海水的冰山，就不含有盐分吗？其实，海冰里不是绝对没有盐分，其盐分的多少，与海水的含盐量和结冰过程的快慢都有关系。也就是说：如果天气寒冷，结冰过程进行得很快，留在冰晶中的盐分就多一些，形成的海冰就咸一些。反过来，形成的海冰就淡一些。

海水结冰场景

海冰的含盐量还与海冰形成的时间长短有关。冰是由无盐晶体形成的，海冰冰晶间夹杂着许许多多的小盐泡。一般来讲，新形成的冰盐度在2～3之间。形成时间长的海冰相对较淡一些，这是由于盐泡的密度比较大，它会慢慢地向外渗透，经过较长的时间，冰晶中保留的盐分都逐渐地流到了外面的海水中，冰也就变淡了。也就是说，多年的冰融化后的水可以直接用来饮用。当船舶在海上航行时，除了可以用海冰融化的水维持日常生活外，还可以直接载带海冰，以备应急之需。

39. 你知道海水的温度变化是多少吗？

你知道世界上最高气温和最低气温的记录是多少

吗?科学家们已经在索马里测得世界上最高气温记录为63℃,在南极地区测得最低气温记录为零下94.5℃,由此推出地球上的最大气温差是157.5℃。然而,在海洋中,不管阳光照射得多么强烈,夏天赤道地区的海水温度也很少超过30℃;极地再冷,其海水温度也只徘徊在零下2℃左右,高低温差仅有32℃。为什么海水的温度变化远远低于大气温度的变化呢?这主要是因为海水的比热大的缘故。正是由于海水的这一特性,它不仅为海洋生物提供了一个优越的生存环境,也防止了整个地球的气温变得冷热过度,从而调节我们这个星球的气温变化更适合于人类居住。

40. 为什么海水的冰点变化不定?

大家知道,在通常大气压力下,淡水的冰点是0℃,那么在同等条件下,海水的冰点又是多少呢?实际上,这是一个难以回答的问题,因为不同海区海水的盐度是不一样的,所以它的冰点也随着盐度的变化而变化。盐度越大,冰点越低;盐度越小,冰点越高。例如,在通常大气压力下,盐度为5的海水的冰点是零下0.275℃,盐度为10的海水的冰点是零下0.541℃,盐度为20的海水的冰点是零下1.082℃。更有趣的是,在同一采样站位不同深度处的海水,它的冰点还随着盐度和深度的变化而变化呢。

41. 为什么要开发深层海水?

多深的海水叫深层海水呢?为了研究上的方便,科学家们通常是把水深200米以下,阳光照不到的海水叫深层海水。因为深层海水积存了大量的养分,它所含的氮和磷等营养成分比表层水多几十倍到上千倍;深层海水几乎不含有机物,有害病原菌极少;深层海水一年四季都保持在10℃左右,水温稳定,所以,人们已经对深层海水进行了广泛的开发利用。

42. 深层海水在海水养殖中有什么优势?

早在1988年,日本高知县海洋深层水研究所和日本科学技术厅的海洋科学技术中心就共同建造了日本唯一汲取深层海水的设备,开始了在陆地进行深层海水养殖

繁忙的海水养殖场

的研究了。由于海产品中海胆和贝类喜好洁净的海水,虾苗和幼鱼的培育没有清洁的海水也绝不可以,饲饵硅藻的生长对海水的清洁程度要求更高,过去用表层海水通常要过滤2次~3次,有时还要用紫外线灭菌才可以使用。现在用深层海水取而代之,既收到了明显的养殖、增

殖效果,又减少了许多人力付出和能源消耗。所以,利用深层海水进行海水养殖,前景相当光明。

43. 海水可以做成饮料吗?

海水既苦又涩,这样的水怎么能做成可口的饮料呢? 实际上,近些年日本已出现了利用深层海水的热潮。全日本已有东京、北海道、静冈、鹿儿岛等10多个地方政府,具备抽取和开发利用深层海水的能力。他们除了在海水里人工养殖鱼类、虾苗及培养藻类外,还利用深层海水开发生产出许多食品和饮料呢! 如高知县利用深层海水来生产豆腐、酱油和咸菜等,不仅发酵快,而且香甜可口。有一家以深层海水发酵酿造的清酒,酒中的酵母菌总是活的,酒的口味十分柔和,颇具特色。更有趣的是,有人开发出一种带有柚子、蜂蜜等水果味的深层海水饮料,味道爽口,在市场上广受欢迎。

44. 海水可以治疗哪些疾病?

医学专家们经过研究发现,海水在治疗人体疾病方面有许多奇特的功效,不同海域的海水能治疗不同种类的疾病。例如:地中海海水中含有较多的镁,镁能消炎、祛痛,患有风湿性病症的人,只要每天在地中海的海水中泡2个小时,3周即可见效;北海的海水能活跃人体植物神经系统,促进新陈代谢,身体疲倦的人在北海中泡2个小时,即可恢复体力;患抑郁症的人每天泡2个小时,坚持1周即可恢复健康。还有加勒比海海水可以治疗椎间盘突出,地中海的海水可以帮助骨骼愈合等等。

45. 海上最大的冰山有多大？

据科学家估计,在南极附近的海洋上大约有220000座庞大的冰山。其中一座最大的冰山长达335千米,宽达97千米,总面积有31000多平方千米,几乎相当于我国第三大岛——崇明岛面积的3倍。

南极冰山

46. 谁知冰山真面目？

冰山到底是什么样？许多人可能只知其露在水面的部分,而水下部分是什么样子就不得而知了。实际上,冰山露出水面的部分仅占它总体积的六分之一左右,我们通常看到的只是整个冰山的一个角,冰山的绝大部分都藏在海面以下。即使一个中小型的冰山,它的重量也达几亿吨,甚至几十亿吨。如果一个小冰山融化成水,也足够灌溉16000平方千米的土地,完全可以与一座大淡水库相媲美。

47. 会有海水"粘"船的事吗?

海水能"粘"船,而且还十分的牢固,你听说过这事吗? 早在100多年前,太平洋西北洋面上,一艘正在捕鱼的船,船速突然明显降低,好像船体被什么东西吸住了似的。从未经历过此事的船员们全被惊住了:莫不是海怪出现了? 船长立即下令收网,可原本撒开的渔网,在水下被卷成长长的一缕。船长下令弃网,可弃了网的船在海水里也难得动弹。惊恐万状的船员预感大难临头,只有求上帝保佑了。正在面临绝望的时候,突然有人发现渔船又开始慢慢移动了。从慢到快,终于恢复了正常,脱离了危险。

这事儿无独有偶。挪威著名探险家南森,于1893年8月29日前往北极探险途中,在俄国喀拉海的泰梅尔半岛沿岸航行时,船突然不动了。这一突发情况,引起全船的惊慌:我们就要葬身在这里了,上帝救救我们吧。毕竟是探险家,南森并没有一点惊慌的表情,他看了看海面,

探险家南森

四周风平浪静,船既不是搁浅,也不是触礁,那么是什么原因呢?南森心里想,可能是碰上传说中的"死水"了。他果断地告诉船员:这不是水怪捣乱,这是碰上了"死水",死水的奥秘总有一天是会被弄明白的。果然,没过多久,船在海风推动下,又慢慢地移动起来。一场惊慌就这样结束了。海水确实可以"粘"住船,可这到底是为什么呢?

48. 海水怎么会有"粘"船的功能?

探险家南森在经历了"死水"有惊无险以后,他主动请教海洋学家埃克曼,并共同探讨了"死水""粘"船的奥秘。

原来,海洋中海水的密度是随温度和盐度变化的,温度高的海水密度小,温度低的海水密度大;盐度低的海水密度小,盐度高的海水密度大。由于近岸海水与深海水之间,表层水与深层水之间,大洋与大洋之间的海水都是互相交换的。在受月亮、太阳引潮力、风、海流等的作用下,时常会出现上下水层密度不一样的情况。密度小的海水会积聚在密度大的海水上面,使海水按层分布。这上下层之间形成一个屏障,叫"密度跃层",也有称"液体海水"的。这一"密度跃层"有的可厚达几米呢。

海水"粘"船的本事就产生在"密度跃层"上。在这个跃层上航行的船只,螺旋桨的搅动会使海水产生一种内波,内波的运动方向与船航行的方向相反,就好像船只顶风航行一样,当船速较慢,而内波作用较大时,船就会出现像被海水"粘"住一样的现象,寸步难行。船之所以又可以运动,那是由于受外界风力、潮流等作用引起的。关于"密度跃层"和内波的相关理论问题,需要经过专业海洋知识的学习才会更清楚。

49."密度跃层"常在哪些地方出现?

用"密度跃层"的概念可以解释海水"粘"船之谜,那么,这些海水"粘"船的事情常在哪些地方出现呢?原来,在海岸附近,江河入海口处,由于大量淡水的涌入,使表层海水的盐度和密度显著降低,如果它们的下面是密度大、盐度高的海水,就很容易形成"密度跃层"。寒冷地区的夏季,海上的浮冰融化以后,含盐分低的海水浮动在高盐度、高密度的海水之上,也会形成"密度跃层"。探险家南森遇到的就是后一种情况。

50."密度跃层"有何军事意义?

我们已经知道,"密度跃层"对船只航行有一定的影响,那么,"密度跃层"对军事潜艇和反潜作战活动有什么重要意义呢?这主要是,声音在跃层中传播时不仅速度受到很大影响,而且声波还会产生很大折射,声音强度衰减得就很厉害。如果反潜舰艇处于跃层之上,潜艇处于跃层之下,反潜舰艇的声呐就很难发现潜艇。反过来,如果潜艇不知道跃层之上有反潜舰艇,当它浮出跃层时就要成为反潜舰艇的"囊中之物"了。

51. 谁在大洋中发现了淡水?

事情发生在1489年,当一只远航船队航行到南美洲委内瑞拉的奥里诺科河口外面时,船上的淡水几乎用尽了,干渴难忍的船员们为了争夺淡水发生了殴斗事件。在激烈的搏斗中,一名船员被扔进了大海。同情这名船员的人们急忙拿起救生圈,正准备抛给落水的船员时,只听见这位落水者拼命地叫着:淡水,淡水!起初,大家还以为这是他临终之前的一种愿望和祈求呢,可当发现他在大口大口地喝着海水和那兴奋不已的表情时,大家才缓过神来。有的拿着水桶提水,有的干脆跳到海中狂饮起来。这故事不仅确有其事,而且就是大航海家哥伦布在第三次横渡大西洋过程中发生的。

海洋化学

海水的化学秘密

52. 谁测定了海水的化学成分？

海水在地球上存在45亿年了。虽然早在有文字记载的历史之前,人们就已经懂得了利用太阳的光和热从海水中提取食盐,但人类真正了解海水的组成,只有200多年的历史。

早在17世纪后半叶,英国化学家波义耳将研究的主要目标对准了海水,他研究了海水的含盐量和海水密度变化的关系。1770年,法国科学家拉瓦锡测定了海水的化学成分,成为第一个对海水成分进行分析的人。

53. 海水中元素浓度的比例为什么与地壳中的不一样？

在海水中溶解的化学成分，绝大多数是来自于水对地壳岩石侵蚀造成的。然而，如果将海水中浓度最大的10种元素和地壳中含量最高的10种元素相比较，就会发现：同一种元素在两者中的含量和比例完全不同，这是为什么呢？原因是这样的：陆地上或露出海面的岩石在经受了长期的日晒和风吹雨打后，会发生碎裂，形成的碎屑中的元素会有部分被雨水或河水溶解，而被携带到海洋中。在这个过程中，由于不同元素的性质不同，它们进入海水里的比例是不同的。其中，岩石中许多最普通的元素如硅、铝和铁等，是不容易溶解的，它们在被输送的过程中大部分沉淀在河道里；而另外一些比较容易溶解的元素，如钠、钾和钙等，会同河水一道被输送进海洋。而且，这两部分元素在进入海洋之前，还要经过河口这一复杂的水区，在这里，元素还要经过一次"筛选"。其中，不易溶解的元素还会有一部分沉淀到水底，使进入海洋的元素又减少了一部分，而易溶解的部分则"一路绿灯"，大部分进入了海洋。久而久之，就造成了海洋中不同元素的含量和比例与陆地上的不同。因此可以说，海水中元素的含量和比例之所以与陆地上不同，是由元素本身的特性决定的。

54. 河流每年向海洋输送的物质总量是怎样计算的？

在研究海洋的过程中，经常要用到一个非常重要的数据,这就是全球河流每年向海洋输入的物质总量。那么这个数据是怎样得到的呢?

大家知道,全世界的河流不计其数,而且每条河流里物质的含量也有很大的差别(比如说泥沙的含量),所以,要计算河流每年向海洋输送物质的数量,是一件非常复杂而繁重的工作。经过多年的探索和总结,海洋学家们找到了一种简便易行的计算方法:根据各国提供的资料,

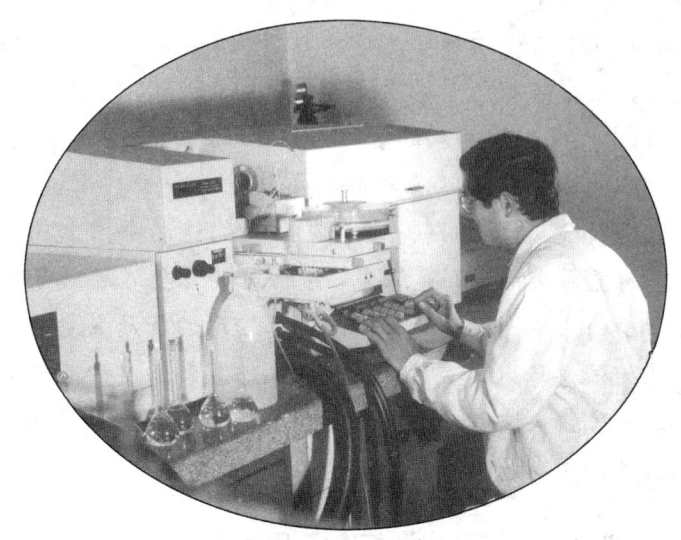

海水中化学物质分析

我们可以计算出全世界不同河流中物质浓度的平均值,然后,用这个平均值来乘上这些河流的总流量,就是河流每年向海洋中输入的物质总量。例如,河水中钙离子的平均含量为 15 毫克/升,河流每年向海洋中输送的水量为 4.6×10^{16} 千克/年,那么,河流每年向海洋中输送钙的

总量便是两者的乘积,即 6.9×10^{11} 千克/年。这虽然是一个并不十分精确的值,但在海洋这个庞大的对象面前,这样的值已经能够满足研究需要了。

55. 每年有多少物质进入海洋?

有人曾经估算过,世界上每年由陆地和大气中进入海洋的物质总量约为 250 亿吨,其中 90% 是由江河输入的。在江河输入的物质中,大部分是不能溶解的物质,能溶解的仅占较小的部分。其余 10% 是由冰和大气尘埃输入的。由冰输入的量为 20 亿吨/年,其中 90% 来自南极大陆;由大气尘埃输入的量约为 600 万吨/年。

以上数据是输入海洋的物质总量的年平均值,实际上,这些输入的物质随地理位置和时间这两个因素而变化。河流量大的,输入海洋中的物质数量会远远大于河流量小的。东南亚的所有河流每年输送的物质数量约占全球河流总输入量的 80%,而输入的溶解物质的量仅占全球河流输入溶解物质总量的 38%,由此可见,世界河流向海洋输送的物质存在多大的不平衡性!

56. 哪些海区的物质含量与大洋不一样?

你可能会有这样一个印象,认为海洋既然是一种溶液,那么对于海洋来说,物质在其中的分布应该是均匀的,其实不然。对于大洋的水来说基本上是均匀的,但有一些海区的海水则与大洋水有很大的不同。这些海区是哪些呢?

首先,就是基本被陆地封闭的海区、河口和其他有大

不同海区物质成分测量

量河水流入的海区,例如渤海、波罗的海等,由于受到陆地水的影响,这些海区内海水的物质含量与大洋水有较大的差别。其次为一些深海海盆、峡湾等区域,由于这类区域底层海水循环不流畅,其海水与外界水体交换不好,使得这些海区底层水的物质含量与大洋水的物质含量有较大的差别,主要表现为水中细菌活动强烈,缺少溶解氧。再就是海底沉积物中的水,由于这些水存在于海洋底部的泥沙中,使得这些水中的成分与大洋水不同。另外,在一些活动地壳,如海底火山、地震带的周围,由于这里的海水与地壳裂缝进行物质交换,使得这些水体成为含盐量较高的水,从而与周围海水浓度不同。所以,在对海洋进行研究时,遇到特殊水体也不必大惊小怪,因为海洋如此庞大,不可能处处一致。

57. 什么是盐?

也许你会觉得"盐"是很常见的东西,但在海洋学上所说的"盐"和我们平时所说的盐是有区别的。大家已经知道海水是咸的,这是因为海水中含有大量的盐。这些盐与我们平时食用的盐是不一样的。化学上所说的盐，是由金属离子和酸根离子所组成的化合物，如氯化钠、硝酸钾和硫酸镁等，而不仅仅是我们平时所说的食盐（氯化钠）。在常温下，盐一般是晶体状态的。将盐溶解在水里或将它加热融化，都是能够导电的。不同的盐在水里的溶解程度不同，有的盐很容易在水中溶解，有的盐难在水里溶解，有的盐几乎根本不溶解。盐类是地壳的主要构成部分。而我们所说的食盐，它仅仅是众多盐类的一种。海水中的盐类都是溶解性的盐而陆地岩石中的盐则是不溶解的，否则，岩石都让雨水冲走了，陆地还会存在吗？

58. 海水中的盐是从哪儿来的？

大家知道，海洋中含有大量的盐分，所以海水又咸又苦。那么，海水中的盐到底是从哪里来的呢？很简单，海水中的盐分主要来自于河水和雨水。

大家可能要问，河水和雨水本来就没有咸味嘛，怎么汇集到海里就变成了呢？其实，海水并不是一开始就含有这么多盐分的。在距今约45亿年前形成地球上的原始海洋时，它所含的盐分是很少的，而且呈酸性。在漫长的地质年代中，由于地球上的水总是不停地运动，在整个地球空间内循环，每年从海洋表面蒸发掉的水分就有1.25亿万吨之多。这些水中的一部分又会在合适的条件下变成雨降落到陆地的每个角落，它们不断地流淌，不断地浸蚀岩石，冲刷土壤，把岩石和土壤中的可溶性物质带入江河之中，最后又都流归到了大海。这样，海洋便源源不断地从陆地上得到盐类物质,而在海水的蒸发过程中,盐类却又不能随水蒸气蒸发,只能滞留在海洋里。如此日积月累,海洋中的盐类不断得到浓缩,其浓度也就越来越大,最后达到一种平衡状态而使盐类不再增加。据研究表明,在约15亿～20亿年前海洋的特点就已和现在的海洋差不多了,在距今2亿年前,海水就变成现在这个样子了。由此可见,海水中的盐会维持在一定的水平,不会变来变去的。

59. 海水中到底含有多少盐?

有人说,大海是盐的故乡,这话一点也不假。但海洋中到底有多少盐呢?

目前海洋的平均含盐量为35,也就是说,每1千克海水中就含有35克的盐。也许你认为这并不多,但如果看一下以下的数字,你会大吃一惊:在整个海洋中,溶存的盐类达4亿亿吨之多,如果把这些盐分都提取出来,均匀地铺在陆地表面,那会形成153米厚的盐层,比50层楼房的高度还要高,像厚厚的盐被一样覆盖着大地。在这所有的盐分中,我们所说的食盐(氯化钠)占了绝大多数。由此可知,人类虽然从海水中提取了大量的食盐,但提取出来的盐的量与海水中盐的总量相比仍然是微不足道的。

60. 什么是盐度?

每打开一本海洋知识类的书籍,你都会发现其中经常出现"盐度"这个名词,这会给你增添不少新奇,究竟什么是盐度？它是指海水中的含盐量吗？

在海洋学上，盐度是反映海水含盐程度的一个指标，并不是直接表示海水含盐量。在海洋化学中，盐度的确切定义为："一千克海水中，所有碳酸盐转化为氧化物，溴、碘以氯置换，所有的有机物被氧化之后所含全部固体

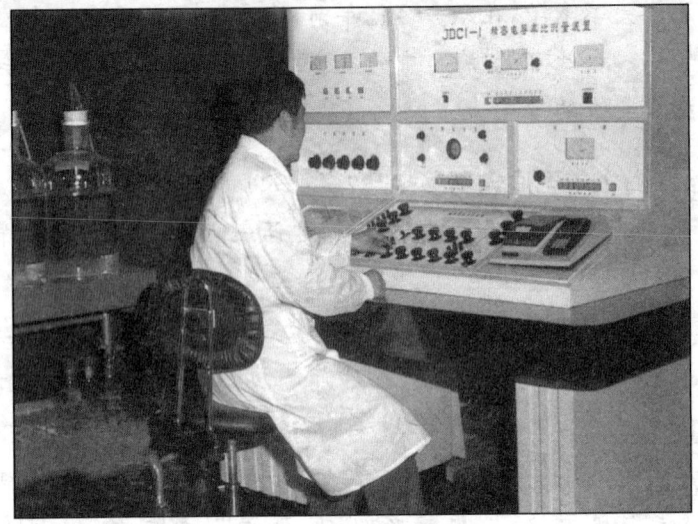

电导率测量装置

物质的总克数"，单位为克/千克。盐度可以近似理解为1千克海水中所含溶解物质的总量，是以"千分率"为单位的。比如，若海水的盐度为35，这意味着每千克海水中溶解着大约35克盐类。应引起注意的是，盐度的含义是所有溶解于水中物质的含量，而不仅仅是盐的含量。

61. 为什么要引入"盐度"这个概念？

你也许要问：既然盐度不是直接用来表示海水中盐

的总量,那引入这个概念还有什么意义呢?其实,在海洋学上,盐度是一个很重要的参数。因为知道了盐度的大小,我们就可以计算其他一些海洋学参数。例如,可以利用盐度的变化来研究海洋中海流的运动与海水的混合问题;通过对盐度和温度的测定,来计算海水的密度。盐度另一个重要的作用就是能够计算出海水中氯离子的含量,根据氯离子的含量,我们可以用一定的公式,计算出许多其他元素的含量,这样,就不用对这些元素挨个测定了。

62. 怎样测定海水中的盐度?

既然盐度如此重要,那么,我们怎样才能知道海水的盐度呢?在测定盐度的方法中,最早使用的方法叫"重量法",也就是取1千克海水,先将海水蒸干,然后称量剩余物质的重量,得到的就是这种海水的盐度了。目前人们常用的测定盐度的方法主要有两种:一种是直接使用一种叫作盐度计的仪器进行测定,另一种是利用电化学的原理进行测定。特别是用电化学方法测定盐度,是近年来才发展起来的新方法,测定时只要将事先制备好的探头放入海水中,盐度的大小便会通过电缆直接显示在计算机中,相当简便快速。

63. 海水盐度对军事活动有何影响?

在大洋中,海水的盐度通常在35左右,但是海岸、河口及特殊海区的海水盐度也会因环境的影响而变化。海水盐度的变化对于海上的军事活动也会产生影响。以声音在海水中传播的速度为例,通常海水盐度每减少1,声音在海水中的传播速度就下降1.3米/秒,如果海水盐度是在垂直方向上变化的,就会直接影响到声呐的测量距离,这在军事上是要考虑的影响因素。此外,海水盐度越大,结冰点越低,海面冰层的形成和溶解就越慢,从而影响舰船的前进速度。海水盐度越大,附着在舰艇上的寄生物就越多,这也是军事活动中必须要考虑的因素。

64. 海水的盐度变化有多大?

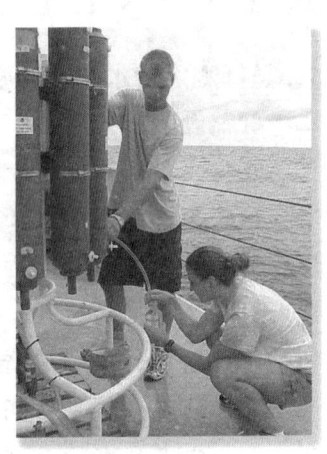

从采取器中取水样

我们已经知道海水盐度的基本概念和它的使用价值,那么,海洋中海水盐度的变化有没有什么规律呢?全世界海水的盐度是一样的吗?不是的。海水的盐度,随不同的海区而有所不同。但就地球上开阔的大洋水来说,它的盐度变化不大,一般在32～37.5之间,世界海洋平均盐度为34.78。对于靠近大陆的海区,由于受河流和雨水冲刷的影响,盐度较低,而且变化幅度也较大;对于某些蒸发量大的海区,它的盐度就要高得多。

65. 海水中的盐类对海水性质有什么影响?

海水之所以不同于河水和雨水等淡水,最主要的原因就在于海水中含有大量的盐分,这就使两者的性质也有差别。那么,盐类对水的性质有哪些影响呢?由于海水中溶解有大量的盐类,这些盐类的存在对海水的物理、化学和生物性质都产生了巨大的影响。一方面因为盐类的密度都大于水,所以海水的密度也就增加了;另一方面,盐类的存在影响了物质的化学平衡,使海水中元素的存在形式和淡水中不同;此外,海水中的某些盐类(如碳酸盐、碳酸氢盐和硝酸盐等)又能被植物吸收,用来合成有机物并释放出氧气,而植物的繁殖、生长又可为海洋动物提供食物来源。由此可见,海洋里的盐类对海水性质起到了决定性的作用,如果没有盐类,海水也就不称之为海水了。

66. 赤道海域表层海水的盐度最高吗?

一般认为,海水的含盐量高低是与水的蒸发量大小有密切关系的,水的蒸发量大,则表层海水盐度会高一些,水的蒸发量小,则表层海水的盐度会低一些,这样看来似乎可以得出结论,即高温高蒸发量的赤道海域表层海水的盐度,相对于全球海洋的其他表层海水来说应该是最高的。但事实不然,只是在南北回归线附近海域的表层水盐度最高,这是为什么呢?

原来,除了水的蒸发量外,我们还需要考虑降雨量。在赤道海域,尽管气温较高,蒸发量大,但这里暴雨频繁,降水量大大超过了蒸发量,所以赤道海域的盐度不仅不大,反而低于大洋水的平均盐度值。就北半球夏季的表层海水来说,在回归线附近的海区,盐度最高,这是由于该区温度高、信风强,水蒸发快造成的,南半球同样如此。由回归线到两极之间的地区,由于气温较低,降雨量超过蒸发量,使得盐度也不高。整体来看,由南极经过赤道到北极,盐度的高低变化就像一个马鞍形状。

67. 地球上哪些海区的盐度最高?

在地球广阔的海洋上,盐度的分布并不是很均匀的。在众多的海域中,盐度最高的要数红海和波斯湾的海水了,这里的盐度超过42,是其他海域所不能匹敌的。另外,北大西洋的盐度也比较高,平均为37.9,其中马尾藻海盐度最高。这主要是由于这些海区的水蒸发强烈和远离河流的缘故。在红海的个别地点,靠近海底曾测得惊人的270以上的高盐度,这几乎是盐在水中最大的溶解量了。

在极地地区,由于冰融化出一定量的淡水,将周围海水稀释而使盐度降低;另外,在一些被陆地封闭和半封闭的海区中,由于降雨和河流稀释的影响,盐度也会出现一定程度的降低。例如,在波罗的海,盐度介于2～15之间,在黑海盐度约为18。因此,由于各种因素的影响,地球上的海区出现了盐度不均匀的状态。

68. 海水中到底溶存着多少物质？

在海水中，除了可以用肉眼或显微镜看见的动植物、悬浮颗粒物之外，还有许多看不见的溶解在海水中的物质，它们的数量大得惊人，其中盐类的含量最多。

从种类上看，自然界存在的 92 种天然元素中，在海水中可测出的已有 80 多种，包括钠、钙、镁、硫、金、银、铁、碘、溴等等，就连陆地上很少见的一些元素，在海水中也有不小的含量。在海水中溶存的物质中，不同物质之间的差异是巨大的，其中含量最多的氯元素总量约为 2.57 亿亿吨，而含量最少的氡元素总量才 793 克，两者相差约 20 个数量级呢！

69. 海洋生物是怎样适应盐度变化的?

海水的盐度不是一成不变的,那么,生活在海水中的生物对盐度的变化会产生什么反应呢? 实际上,海水盐度对海洋生物的影响,主要表现在穿过生物膜的渗透作用上。对于海洋动物来说,它们体内都有与盐度正常的海水处于渗透平衡的体液,当它们处于盐度较低的海水中时,水会由于渗透作用穿过生物膜,使体内盐分的浓度保持相等。但另外一些动物却不能控制这种过程,而只能经受盐度的微小变化,所以,它们很难在海水中生存。生活在半咸水(如在河口地区)中的动物有着各式各样对付低盐的办法。如果盐度的变化时间是短暂的,某些动物会躲进一个封闭壳中,就可以完全避开周围的环境;或者它们付出一定的能量,逆海水渗透的方向吸收回水来维持体液的正常浓度。在盐度很低的环境中,度过关键时期的海洋动物还能够调整其体液的浓度,通过渗透作用与周围海水中的盐度保持平衡。

70. 海水的酸碱度、氧的浓度对生物活动有什么影响?

海水的酸碱度变化与氧浓度的变化对生物活动都会有一定的影响。这是由于生物的呼吸和分解都在不断地产生出大量的二氧化碳,同时消耗氧气,在海水透光层以下几百米深处,氧气的消耗达到了极大值,所以在最小含氧层附近,二氧化碳的浓度却出现了极大值。由于海水中溶解的二氧化碳越多,酸性就越大,因而酸碱度也就越小。所以海水中大约在同一深度上可以测到酸碱度和氧浓度的最小值,二氧化碳就是极大值。这就难怪为什么越是深海,海洋生物的种类和数量都少了。

71. 什么是"海水组成恒定性"?

这里所说的"组成恒定"是指相对组成,而不是绝对量。在海洋化学中,海水组成的恒定性是海水的一个非常重要的特性,可以这样来解释:不论海水中所溶解的盐类的浓度大小如何,也就是说无论海水的盐度大小如何,其主要离子浓度间的比例,却是不变的。这种关系,称为"海水组成恒定性"。

需要强调的是,这个性质只适用于海水中浓度比较高的元素,即海水中的常量元素,它们是钠、钾、钙等共11种元素,而对于含量很少的微量元素就不适用于这个性质。

72. 海水中物质组成恒定是怎样发现的?

从古代开始,海水的组成就像谜一样困扰着研究海洋的人们。从16世纪开始,人们就进行了这方面的研究。到了19世纪20年代,马塞特进行了海洋化学方面的比较系统的探索工作,发现了一个重要规律:世界大洋海水都含有相同的成分,而各成分含量之间的比例都差不多,初步提出了"海水组成恒定性"的理论。在1872—1876年间,英国的"挑战者"号调查船进行了为期4年的著名的世界性航行考察,调查了三大洋的主要部分,在不同的海域采集了77个样品并进行了准确度较高的分析。在工作中,科学家们进一步肯定了马塞特发现的规律,充分证实了海水恒定组成的原理。由于这项工作由迪特曼负责,人们称这个原理为马塞特—迪特曼原理。直到今天,这个原理还被广泛应用,为人们继续探索海洋提供了极大的帮助。

73. 海水的组成为什么会出现恒定性?

大家知道,海水中物质的含量是随海区的不同而变化的。那么,为什么会出现常量元素浓度之间的恒定比例关系呢?其原因是这样的:大洋水的成分是在漫长的地质年代中形成的。整个海洋中溶解着数量巨大的盐类,外界的影响,如河流和降水等,都不足以使它的成分发生大的变化,因而海水成分是处于一种相对稳定的状态之中,加上海洋中不断进行着的海水环流和混合等过程,使大洋水的成分相对较为均匀。海洋中的某些过程,如蒸发、降水等,对海水只起着浓缩或稀释的作用,主要改变的是盐度的绝对值,对各元素间的相对浓度变化影响不大。另一些过程,如生物的生长、死亡以及海底沉积物的形成和分解等,虽然会引起某些物质含量的改变,但这种变化极不显著,并且主要改变微量元素的含量,一般不能使海水主要元素之间的比例关系发生变化。当然,这只是指大洋的一般情形,对于孤立程度较大(如黑海、波罗的海等)或位于大河河口的海区来说,上述关系就不适用了。

74. 海水组成的恒定性有什么作用?

为什么要了解海水组成的恒定性?这种恒定关系有什么实际应用价值呢?这就像正常人的体温通常是在 36.7℃,高于或低于这一温度就显示出有疾病出现一样。只要知道海水中任何一种主要成分的含量,就可以估算其他成分的含量,这可以省掉很多的测定过程,既方便又省事。通常的做法是先测定海水的一种最常用的参数——氯度,然后根据我们已知的主要元素间的比例关系,求得其他主要离子的浓度以及盐度值。如镁离子的氯度比值(即镁离子的浓度和海水氯度的比值)为 0.06675,只要测得了某一海区的氯度值后,相应的镁离子的含量也就知道了,同样我们也可以算出别的常量元素的含量。当然,得到的结果只是大致估算,要想知道确切的值,还需要对各个要素进行精确测定。

向海中投放采水器

75. 哪种元素在海水中的含量最高？

大家对于海洋了解到一定程度后，就一定想知道什么元素在海水中的含量最高。这个问题其实很简单，在海水所含的众多元素中，除去组成水分子的氢元素和氧元素之外，那就要数氯元素了。氯在海水中的含量，为每升海水19.4克。它在整个海洋中的总量约为2.57亿亿吨，是海洋中所有溶解元素中含量最高的。

76. 哪种元素在海水中的含量最低？

在海水中氯的含量最高，那么，含量最低的是哪种元素呢？在目前可以测定的范围内，地球上已发现的92种天然元素中，在海洋中已检测出80多种，其中所测含量最低的元素是气体氡。气体氡在海水中的浓度为每升海水含6亿亿分之一毫克，它在海水中的总量还不足1千克,仅为793克,是不是也少得出奇呢?

77.什么是保守元素和非保守元素?

这里所说的"保守"和我们平时所说的"保守、守旧"等不是一个概念,但含义上也有一些相似的地方,这里是对海洋中元素的性质而言的。

一般来讲,海洋化学上把不受化学和生物作用影响,只受物理作用影响的元素称为保守元素,如钠、钾等,也就是说这些元素在海洋中的浓度变化只受物理作用的影响(如稀释作用和蒸发浓缩作用),这种性质称为保守性;将除受物理作用影响外,也受化学或生物作用影响的元素称为非保守元素,如营养元素氮、磷、硅等,即化学反应或生物活动对这些元素的浓度均有影响,这种性质称为非保守性。保守元素在海水中的运动变化规律相对简单一些,而非保守元素的运动变化规律就要复杂得多。

78.海水中哪些元素被称为常量元素?

前面已多次提到过海水中的常量元素,那么到底哪些是常量元素呢?

常量元素也称为大量元素或主要元素,顾名思义,就是海水中含量比较多的元素。海水中被称为常量元素的元素共有11种,主要因为它们在海水中的浓度都大于1毫克/升。这些元素为:氯、钠、镁、硫、钙、钾、碳、锶、硼、溴和氟。这些元素的含量加起来占海水溶解总盐类的99.9%以上,而且它们在海水中的含量比例基本不变。它们在海水中的含量还几乎不受海洋中化学及生物作用的影响,也就是说保守性较好。海洋中的常量元素基本都属于保守元素。

79. 海水中哪些元素被称为微量元素?

微量元素是相对于常量元素而言的。在海水中除了常量元素和溶解气体之外,其他元素基本都包括在微量元素中,例如铁和铝元素。海水中微量元素的含量均小于1毫克/升,大多数含量在微克/升或纳克/升的数量上。但是,微量元素的种类却很多,而且基本上都是非保守元素(即保守性差)。尽管这些元素的含量很小,给测定工作带来很大的困难,但由于海水的体积很大,所以总储量仍然是很可观的。例如,海水中铀的含量为3微克/升(即每1000吨海水中只含有3克铀),但它在海水中的总储量却达45亿吨,约为陆地储量的4500倍呢!

80. 常量元素与微量元素有什么不同？

大家已经知道，常量元素在海水中的浓度大于1毫克/升，而微量元素在海水中的浓度却小于这个值，这是它们的差别之一。除此之外，还有区别这两组元素的另一个重要依据，这就是每一种常量元素在海洋中的分布。一般地说，常量元素与盐度的海洋分布是密切相关的，因为它们的浓度往往与盐度有正比关系，也就是盐度高，它们的浓度也高，而且它们的浓度只受物理作用控制，与海洋中的化学过程无关，表现出较强的保守性。而微量元素一般表现出非保守性，也就是说，它们的浓度受海水中化学和生物作用的影响大，在浓度分布上除个别元素外，大体上与盐度的变化无关。

81. 我国淡水资源情况如何？

我国淡水资源总量大约有27000亿吨，比巴西、俄罗斯、加拿大、美国和印度尼西亚这些国家少，排在世界第六位。但是我国人口众多，如果按人口平均，那么每人占有淡水仅2700吨，是世界人口平均拥有淡水量的四分之一，排在世界第十七位。另外，我国淡水资源的分布很不平衡，不同地区、不同年份、不同季节的降水量相差很大，使有的地区降水太多太集中而造成涝灾，而有的地区降水又太少，长期干旱缺水，这种情况在水资源本来就紧张的北方地区更加突出，所以开发新水源，节约用水已成为迫在眉睫的大事。

82. 什么叫海水淡化?

前面已经提到,海水中含有许多盐分,每1千克海水中的含盐量有35克,所以海水是不能直接饮用的。我们平时所饮用的淡水(正常饮用水)的标准,应该是1千克

水中的含盐量不能超过0.5克,所以把盐度为35的海水转变成盐度低于0.5的淡水的过程,就叫作海水淡化。

83. 我国是如何重视海水淡化工作的?

我国的海水淡化技术研究开始于1958年。为了推动这项技术的发展,经国务院批准,国家第一次海水淡化科技工作会议于1974年12月19日至27日在北京召开。4年之后,1978年8月28日至9月5日,受国家科委的委托,由国家海洋局组织的全国海水淡化科技规划会议在杭州召开了。会议着重讨论了国家1978—1985年全国海水淡化科技发展规划,并决定成立国家科委海洋专业组海水淡化分组,具体负责对全国海水淡化科技工作的

指导和协调工作;参加这次会议的有中央及地方的62个相关单位。2008年12月,我国国家海洋局发布了《关于为广大内需促进经济平稳较快发展做好服务保障工作的通知》,出台了十大政策措施,要求在加强海水淡化和综合利用技术研究,在提高海洋经济增长的质量和效益上下工夫。

全国海洋工作会议

84. 第一次船上使用脱盐器是哪一年?

早在公元前300多年,古希腊哲学家亚里士多德就已提出,由盐溶液的蒸汽冷凝而得到的水是可以饮用的。而世界上第一次有记录的船用脱盐器是1606年出现在马尼拉从事贸易的西班牙大帆船上。在船上广泛使用脱盐设备是在船上安装了蒸汽机和锅炉之后。到了19世纪80年代,船用蒸馏器就已很普遍了。而陆地上所建的蒸馏淡化装置,却是在20世纪30年代在库拉索出现的。

85. 海水淡化有哪几种方法？

目前世界上已经用于海水淡化的方法有 20 多种，其中的蒸馏法、电渗析法、反渗透法和结晶法、膜法，因技术成熟，经济实惠，又具有实际操作意义，而成为最主要的几种方法。其中蒸馏法中的多级闪急蒸馏法因其技术完善和有利于普及，占了海水淡化总量的 70%。

86. 什么叫作多级闪急蒸馏海水淡化？

大家知道，水的沸点是 100℃，但它的条件是在一个大气压情况下。那么，如果这个条件变化了，压力变小，水的沸点温度也就变低了，这就同在青藏高原上烧水一

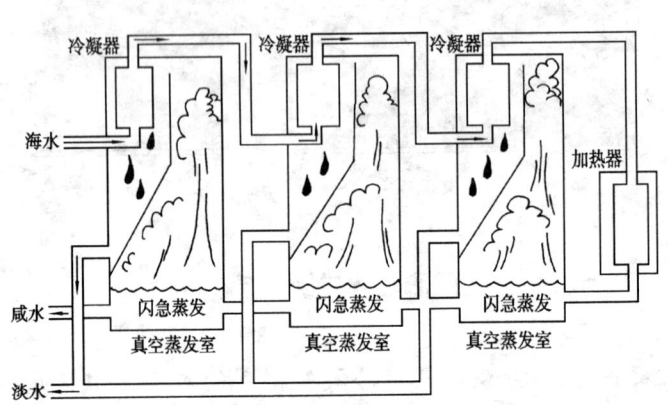

多级闪急蒸馏淡化示意图

样，看着水是烧开了，但水的温度却低于 100℃。根据这个道理，有人设计了一种压力一个比一个低的蒸发室，将它们连通在一起，当高温海水从它们中间穿过时，就会出现瞬间蒸发的效果，而这种蒸发室越多，瞬间蒸发的次数

就越多,蒸发的工作效率也就越高。人们把这种蒸馏法叫作"多级闪急蒸馏法"。在海湾战争以前,科威特的"多级闪急蒸馏"技术是世界上最先进的,它使用的淡化装置达到32级呢!

87. 世界上应用最普遍的淡化方法是哪一种?

由于闪急蒸馏法制备淡水,是一次加热多次蒸发的

海水淡化工厂的场景

过程,在生产成本上既节省了加热用燃料,又节省了大量的动力费用,使生产淡水的成本比较低,所以,它是目前世界上应用最广的海水淡化方法。当今世界海水淡化产量的70%是用这种方法生产的。在20世纪90年代初,全世界每天用这种方法制取的淡水就达到744万吨。到2006年底,世界上已有155个国家应用海水淡化技术,年生产淡水量多达4700万吨,供1亿人直接使用,而且每年以10%～30%的速度增长。

88. 风可以淡化海水吗？

到过海边的人都清楚,海上的风力资源十分丰富,能否利用风力来淡化海水呢？经过长期的实验之后,科学家们回答了这个问题:风可以用来淡化海水。但这并不是说直接利用风来使海水脱盐淡化,而是先用风力发电,再用电来淡化海水。

到20世纪70年代,人们相继研制出了一些利用风力淡化海水的装置,这些装置在工作的时候,风吹动装置的叶轮,带动发电机发电,再用所发的电通过电渗析、反渗透等方法来淡化海水。据实验测定,这种风力发电机的功率可达100千瓦,淡化器每小时可获取60千克的淡水,而且淡化出来的海水盐度很低,可以放心饮用。对于缺乏动力的海岛、船舶和海上石油平台等,完全可以利用这种装置为人们提供生产和生活用的淡水。

89. 在船上能进行海水淡化吗？

在海上航行的船只都准备了充足的淡水,你也许会想到,如果淡水用完了该怎么办？如果距离岸边较近,可以到岸上补充淡水,如果船在距岸遥远的海域,淡水用完而不能及时补充怎么办呢？请放心,现代化的客轮和科学调查船,为了预防万一,都装备了船用海水淡化装置,可以在紧急情况下,保证船上人员的生活用水。

现在,如果你想出海旅行,就不会有缺少淡水之忧了。

90. 红树为什么被称为"海水淡化器"?

红树主要生长在中美洲及北美南部气温较高的地区,我国南方沿海也有多处生长。红树有一种极强的净化海水的功能,特别在吸收海水中的盐分上,几乎有一种

红树林

奇特的功能。一棵高25米的深褐色红树,每天可以从它的叶片上收集到60千克的氯化钠。整个红树的树干就如同天然的海水脱盐器,它把海水中的盐输送到叶片上,而淡水留存了下来。因此,植物学家们称红树为"植物海水淡化器"。

91. 海水能与淡水比高低吗?

自然界有这样一种现实,如果把同体积的海水和淡水放在同一个水槽中,中间用一种半透膜(只允许水分子通过,而截住海水中的盐分,防止它们跑到淡水里)隔开,起初两面水位高度完全一致,可如果耐心等待一段时间,

就会发现海水的高度明显高出淡水一小截,也就是说淡水向海水这边渗透过来了,这是怎么回事呢?这是因为海水具有叫作"渗透压"的"魔力",可以把淡水吸引过去。

92. 什么叫反渗透淡化法?

人们既然发现了海水具有"渗透压"的特性,若是人

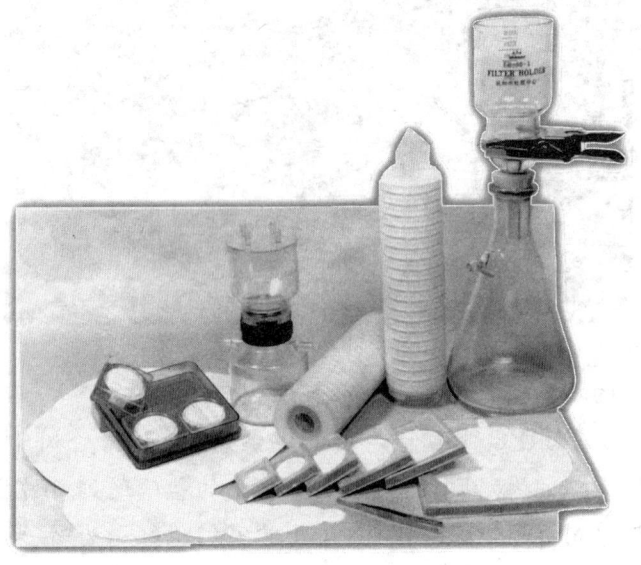

反渗透淡化膜

为地在海水这一面加上一个比它渗透压还要大一些的压力(如利用海水本身重量作为压力),那么海水中的淡水成分不就会乖乖地反渗透到淡水那一面了吗?新的一种海水淡化方法就这样产生了。由于自然界海水的渗透过程刚好同这一方法相反,所以科学家们把这种方法叫作

反渗透淡化法。

93. 最有前途的淡化方法是哪一种？

反渗透淡化法自从1953年问世以来，在海水淡化工业上发展速度非常快，到20世纪90年代初，全世界每天用这种方法生产的淡水已达到411万吨，仅次于用蒸馏法制取的淡水量。反渗透法的最大优点是节省能源。根据统计比较，淡化同等重量的海水，反渗透法的能源消耗量只有电渗析的一半左右，是蒸馏法的2.5%。在世界能源日趋紧张的今天，反渗透法的这一优势已显得十分明显，要不了多久，反渗透法就会与蒸馏法分庭抗礼了。

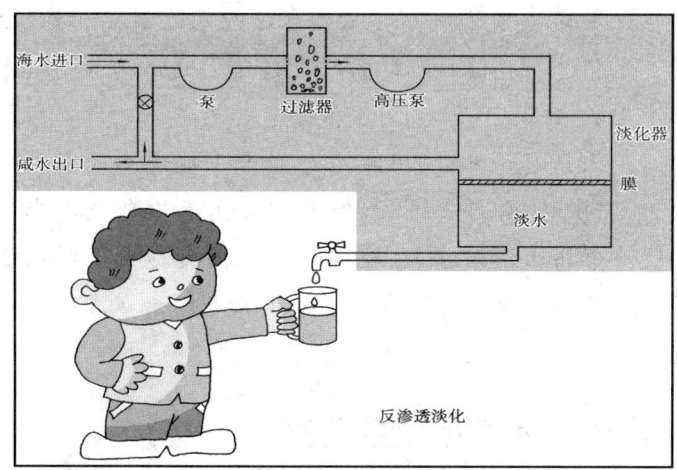

反渗透淡化

94. 什么叫电渗析淡化法？

我们知道，海水中含有的盐绝大部分是食盐，化学名称叫氯化钠。氯化钠在水中以离子状态存在，钠离子带正电，氯离子带负电。如果把海水放入一个电场中，正、负离子就会分别跑向电场的阴、阳极。如果电场不断工作,两极中间那部分海水中的钠离子、氯离子就不断减少,而两极周边的水中钠离子、氯离子会不断增加。如果在水体中放入一种特制的膜,一面只准钠离子通过,另一面只准氯离子通过,中间部分的海水中的盐分不就会越来越少,水不就越来越淡了吗?人们将运用这种思路建立起的海水淡化方法叫作电渗析淡化法。

95. 电渗析淡化法的优势在哪里?

电渗析淡化法不像蒸馏法那样需要消耗大量的燃料来把海水变成水蒸气。还有一个优点是简单实用,最适合在特定环境下使用。现在已广泛应用在海岛、船只上的淡水制造。我国西沙群岛的永兴岛上使用的就是电渗析淡化器,每天可产淡水200吨。

有人认真计算过,用海水每生产1吨淡水的成本大约为4.65元,看起来很贵,但是如果用运输船从海南岛向西沙群岛运送淡水,每吨水的成本就要达到20多元,而用电渗析法获得相同淡水的费用只是运水成本的五分之一,你说哪一种更合算呢?

96. 蒸馏淡化法发明于什么时候?

早在2000多年以前,古希腊有一位大科学家叫亚里士多德,他做过这样一次实验:把海水放进一个密闭的容器里,然后把它加热烧开。后来他惊奇地发现,凝聚在容器表面新生成的水不再有咸味了,也就是说,这时的水已不含有盐分了。这是人类历史上对海水进行的首次淡化,而亚里士多德所采用的这种方法,也就是我们今天常说的蒸馏淡化海水法。

97. 英国女王与海水淡化有什么关系？

"谁能发明一种价格低廉的方法,把苦涩腥咸的海水淡化成可供人饮用的水,谁就可以获得赏金10000英镑",这话出自16世纪的英国女王之口。在当时,这样的奖赏可是个天文数字。当时,虽然人们已经直接在船上用蒸馏器制取淡水了,但由于当时的技术和条件,用这种办法制取的淡水代价实在太昂贵了,无法供应民用,而英国为称霸海洋、称霸世界,非常需要找到一种廉价的海水淡化方法,所以,被逼急了的英国女王,发布了上述布告。当然,最后还是以英国女王的失望而告终。

98. 世界上最大的海水淡化装置建在哪里？

了解了海水淡化,大家一定想知道目前世界上最大的海水淡化装置建在哪里。告诉你吧,目前世界的海水淡化装置有60%分布在海湾地区,其中最大的海水淡化装置是建在沙特阿拉伯,其日产淡水量可达100万吨,它是由沙特政府与日本住友公司合作建设,预计2012年建成。

美丽的海边风光

99. 世界上最大的太阳能淡化厂建在哪里？

目前,世界上最大的利用太阳能蒸馏来淡化海水的设备安装在希腊的帕斯诺斯岛上,总面积几乎有两个足球场那么大。在当地烈日炎炎的夏季,每天可以生产淡水60吨,在阳光温和的冬季,每天生产的淡水量也超过40吨。可见,虽然利用太阳能来蒸馏并淡化海水基本不需额外能量,但必须有足够的受光面积来接收太阳能,所以,一般情况下其淡化海水的能力还是很小的。

100. 世界上最集中的海水淡化装置区在哪里？

要了解这个内容,首先要明确两个问题:第一,海水淡化必须在沿海地区进行;其次,如果沿海淡水资源很丰富,也不需要淡化海水。因此,海水淡化装置主要应分布在沿海的干旱地区,淡水供应困难的岛屿和沿海缺水的大工业城市。

沿海大工业城市一角

目前,世界上海水淡化装置最集中的地区是在海湾地区,主要在以色列和沙特阿拉伯、科威特、阿拉伯联合酋长国等。这些国家没有明河流,连地下水也奇缺。过去曾用船从国外运回淡水。幸好这些国家有丰富的石油资源,可以用石油当燃料蒸馏海水。例如,阿布扎比海水淡化厂,每天生产淡水达37万吨,沙特阿拉伯从海边淡化厂将淡水直接送到首都利雅德,供10万户居民用水。

101. 我国海水淡化技术达到什么水平?

了解了海水淡化原理及目前国际海水淡化的状况后,我们再来看看我国的海水淡化产业的发展情况。利用海水脱盐生产淡水,我国开始于20世纪50年代后期。经过40多年的研究开发,利用电渗析、反渗透和蒸馏等淡化海水技术已经成熟,并投入应用。许多研究技术和生产工艺都有创新,整体已接近国际先进水平。

我国在1991年就为马尔代夫建成了日产量50吨海水淡化站一座。国内从事电渗析器生产的厂家已有30多个,产品已可满足国内需要,日产5吨~50吨多级闪蒸式船只蒸馏淡化装备,已出产系列产品,日产100吨淡水多级闪蒸的扩试已取得成功。

102. 为何海水淡化在我国没有大规模开展?

我国海水淡化与综合利用技术研究起步于20世纪60年代。经过40余年的研究和开发,虽然在反渗透海水淡化技术领域取得长足进步,但至今建成的能真正投产的大型海水淡化装置可谓屈指可数,海水淡化产业发展仍步履蹒跚。那么，制约我国海水淡化产业发展的"瓶颈"究竟在哪里呢？淡化海水的成本是多年来制约海水淡化产业发展的一个关键因素。虽然，目前我国已经具备了万吨级海水淡化的工程能力，在建规模超过15万吨/日，吨水成本已经从10年前的7元左右降至5元左右，技术经济指标已经达到世界先进水平，但这样的水价仍然远远高于国内所有城市居民生活用水的价格。换句话说，在我国也只有当水价涨到每吨5元以后，海水淡化产业才会有经济效益。

有专家分析认为，淡化水成本偏高除了受电价等因素影响外，一个重要的原因是我国现有的海水淡化工程基本上是中小规模，规模效应在降低成本方面的优势没有发挥出来。另外，由于我国海水淡化系统中的关键设备仍主要靠进口，这些进口设备价格昂贵，也在一定程度上增加了产水成本。除了水价以外，大规模海水淡化对生态的影响尚须做深入研究。如反渗透海水淡化生产1吨淡水，要消耗1千克的汽油，产生2千克的二氧化碳。同时，反渗透海水淡化的回收率一般为40%，剩余的60%原海水成为浓海水排放到海里后，将对排放海区的环境和生态产生不良的影响。

103. 我国第一个海水淡化站建在哪里？

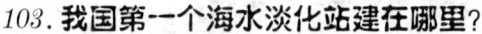

我国第一个海水淡化站于1981年6月在西沙永兴岛建成，日产淡水200吨。这座淡化站采用电渗析原理，即对阴、阳两种离子交换树脂膜通电后，海水盐类自然分成阴、阳离子，并分别通过两种膜被除掉，从而得到淡水。

西沙风光

104. 我们目前海水淡化的情况如何？

据不完全统计，目前我国在建和待建的海水淡化工程，它的产水能力可以达到每天近 200 万吨，海水直接利用和综合利用进入了新的发展阶段。我国的海水利用经过 40 多年的不懈努力，发展迅速，一批拥有自主知识产权的新技术、新产品陆续出现，一些关键技术取得重大突破，部分技术已跻身国际先进水平行列，并相继完成了日产 3000 吨低温多效蒸馏工程和日产万吨级的反渗透海水淡化工程，这些都具有里程碑意义的海水淡化示范项目，产业化条件日趋成熟。

105. 我国充分利用淡化海水的企业是哪一家？

2008 年 10 月 23 日，我国首台单体容量最大、技术含量最高、单机占地面积最小的海水淡化设备，日产淡水 10000 吨的反渗透海水淡化装置在青岛的黄岛发电厂顺利投入运行，这是该厂继日产淡水 3000 吨的低温多效和日产淡水3000吨的反渗透海水淡化设备投入运营后的第三台现代化大型海水淡化设备。由此,该厂日均生产淡化海水的能力猛增至16000吨,已经完全满足了该企业的发电生产锅炉用水需求。

黄岛发电厂海水淡化设备

青岛市属于严重缺乏淡水资源的城市,按照青岛相关规划部署,黄岛电厂到2010年底将实现总海水淡化能力10.6万吨/日。届时,黄岛电厂将成为我国首家全部采用海水淡化水解决电厂用水的发电企业。

106. 海水中有气体存在吗?

大家知道,自然界中的万物生长,都离不开氧气,海洋中有各种各样的生物,它们的生存同样也是需要氧气的。那么,海水中也存在供它们呼吸的氧气吗?海洋科学家们分析测定后发现,海水中不但有氧气存在,而且还同空气一样,含有各种各样的其他气体,但这些气体并不是水中的气泡,而是溶解在水中的。大家知道,我们平时吃的各种海菜、海鱼,都是从大海中得来的,它们同陆地上的生物一样,需要利用氧气来维持呼吸,同时还要排出二氧化碳。另外,海洋中的植物还要利用二氧化碳来进行光合作用,释放出氧气。以上两种气体,是海洋生物生存必不可少的,它们以一定的浓度溶解在海水中,用来满足海洋生命的需要。除此之外,海水中还有其他很多种气体,如氮气、氩气、氦气、氖气等等。

当然,这些气体只能满足长期居住在海水中的生物的需要,而对于像我们这些生活在陆地上的生物来说,海水中气体的浓度是远远不够的,所以,我们的潜水员要带着氧气下水才能维持呼吸,不然,那可很危险呀。

107. 大气与海水中的气体成分相同吗?

由于海水中溶解气体的主要来源就是大气,因此,大气与海洋中的气体在组成上应该是一致的,但是,由于海洋环境的特殊性,不同的气体在两种环境中的比例却存在着明显的差异。

我们知道,氮气和氧气是大气的主要成分,按体积来计算,氮约占78%,氧约占21%,两种气体共占大气组成的99%,而大气中二氧化碳气体仅占总体积的0.03%。实际上在海水中,溶解最多的气体是二氧化碳,约为46毫升/升,其次是氮气,第三是氧气。海水中二氧化碳气体之所以含量这么高,主要是由于二氧化碳不但易溶于水,而且海水中的生物自己还会不断地生产这种气体呢!

108. 我国最大的海盐产区在哪里?

我国主要有4大海盐产区,其中最大的为长芦盐区。长芦盐区主要分布在乐亭、滦南、唐海、汉沽、塘沽、黄骅、海兴等县区内,其海盐和盐化工的产量、产值已超过全国海盐和盐化工总产值的60%。其他3个海盐产区分别为:辽东湾盐区、莱州湾盐区和淮盐产区。辽东湾盐区有复州湾、营口、金州、锦州和旅顺5大盐场,其盐田面积和原盐生产能力占辽宁盐区的70%以上;莱州湾盐区是山东省海盐的主要产地,包括烟台、潍坊、东营、惠民的17个盐场,盐田总面积约400平方千米。该盐区从技术装备水平、产品质量以及企业经济效益来看,在国内各盐区中处于先进地位,主要盐场综合机械化水平达到60%以上,单位面积产量高达73吨/公顷,列北方各海盐区单产之首;淮盐产区因淮河横贯江苏盐场而得名。江苏盐场分布在北起苏鲁交界的绣针河口,南至长江口这一斜形狭长的海岸带上,跨越连云港、盐城、淮阴、南通4个市的13个县、区,占地653平方千米。江苏海岸带有全国最为广阔的沿海滩涂,四季分明的气候条件,非常适宜于海盐生产。

109. 海水中的气体是从哪儿来的?

既然大海中存在这么多气体,那它们具体是从哪里来的呢?下面让我们来分析一下。

我们知道,海水是与大气相接触的,所以,它们的主要来源便是大气,也就是说大气中的气体先进入表层海水,然后随着海水的水平和垂直方向的运动输送到海洋的各个位置;另外,海水中的气体还有一部分来自于海底火山的活动、海水本身所发生的化学作用等,比如说,海底沉积物和海水中悬浮颗粒物的溶解,生物的活动,特别是光合作用、呼吸作用、有机物质的分解等等。在河水输入海洋的过程中,也会将一部分溶解气体带入海水。这样,以上这些方式同其他一些不稳定的输入方式一起,共同组成了海水现在的气体含量。

110. 大气中的气体是通过什么方式进入海水的?

我们现在已经知道海水中的气体主要是通过大气进入海洋的,那么,大气中的气体是通过什么方式进入到海水中的呢?实际上,大气中的气体进入海水中大体有两种方式,一种方式称为气泡溶入,也就是风浪将一部分空气以气泡的形式带入海水,这些气泡在海水中会逐渐被溶解。另一种方式是在大气与海洋的界面上,由于大气和海水中气体的浓度不同而产生了扩散作用,气体以扩散的形式迁移到海水中去。这一过程是双向进行的,也就是空气中的气体可以进入海水,海水中的气体也能扩散到大气。因此,即使当海水中的气体浓度和该气体在大气中的浓度达到平衡时,气体的这种迁移也不会停止,只是在两个方向上迁移的量相当而已。

111. 海水中的氧气有哪些作用?

进入水族馆,透过厚厚的玻璃,可以看到一群群鱼、贝、虾、蟹等海洋生物,它们上下翻腾,生气勃勃,真是好一个奇特而美妙的生命世界。可你知道吗,这些生命之所以有活力,除了它们能捕到各自所需的食物之外,还有它们能时时得到的一样宝贝——氧气。假如海水中没有了氧气,这里就会冷冷清清,毫无生气。还有那些海洋植物,它们不但能够通过光合作用放

出氧气,还要在呼吸作用中消耗氧气。所以说,海洋中的生物也是一刻离不开氧气。

112. 从海面到海底氧气含量是怎样变化的?

在辽阔深邃的海底是否含有氧气?在不同海域和不同深度氧气的含量是否一致?多少年来,海洋科学工作者对此进行了大量的调查研究工作。人们最终发现海水中溶解氧的分布情况受海水温度、盐度以及海水运动情况等许多因素的影响,所以,它总是随着季节、时间和地点的不同而变化着。

在表层海水中,由于直接与大气进行交换,海水中的溶解氧基本上处于饱和状态。从表层往下 50 米左右的深度上,这里既有大气中进来的氧,又有植物光合作用所产生的氧,因此成了海洋中含氧量最为丰富的区域,在某

些光合作用强的地方,溶解氧的含量要比表层高1.8倍。从80米往下到200米深度的区域中,进来的光线十分微弱,光合作用已不能进行,只有海洋动物的呼吸和死亡生物的分解,不断消耗着随着海水运动下来的少量而有限的氧气。从200米往下,就是人们所说的无光区了,在这个终年无光的黑暗水体中,溶解氧很快降到最小值,而在300米以下,溶解氧的含量又随着海洋深度的增加而逐步增大。这是为什么呢?原来是由于在两极地区有的表层水不仅温度低、含氧量高而且密度大,它们会不断地沉入海底,并向各处运动,从而使深层水得到氧的补充。所以,虽然深海底层一片黑暗,但由于有了氧的供应而充满着生机。

113. 海水中氧的浓度受什么控制?

海水中氧的浓度并不是自由变化的,它主要受三方面因素的控制。

首先,氧气在海水中溶解度的大小与温度、压力和盐度有关,温度越低、压力越大、盐度越小,则氧气的含量越高,反之越低。

其次,海洋中可进行光合作用的浮游植物对氧的释放,生物呼吸和有机物分解过程对氧的消耗,这是控制表层海水氧含量的一个重要因素。

最后,风、浪和海流等对海水的物理作用,对氧的分布,尤其是对深层海水中氧的浓度起着重要的补充和影响作用。

114. 海洋中任何一部分水体都含有氧吗？

在辽阔深邃的海洋中是否到处都有氧气？也许大家会说，既然在茫茫大海上，由于海水在不停运动，将地球各个部分的水体进行混合，那么应该没有不含氧的水体。

当然，这对于一般的海区无疑是正确的，然而大家别忘了前面多次提到的被陆地封闭和半封闭的海区。在近乎封闭性的海域或某些近岸峡湾处，由于海水很难进行交换或者受到污染，会产生氧气的消耗量大于氧气的补充量的情况，久而久之，就产生了不含氧的区域，即所谓的无氧区。例如在几乎与地中海隔绝的黑海，在水深200米以下的水域，就完全没有氧气；在美国北卡罗来纳、加利福尼亚州和委内瑞拉的海岸一带，以及在挪威某些具有浅滩的峡湾内，也发现了无氧的水域。

115. 海水为什么会出现缺氧状态？

海水中如果缺氧，则说明氧的消耗量大于氧的供给量。那么，在什么情况下氧的消耗量会大于供给量呢？我们知道，氧的来源主要是海洋植物的光合作用和大气中氧气的溶解，深海中的氧则来源于上层水或其他水团的供给。而在一些与外界交换不好的水体中就会出现缺氧情况。另一方面，沿着大陆边缘上升的水团，由于植物的大量生长繁殖，氧被大量消耗，也会使局部海域出现缺氧情况。

116. 为什么黑海底层水域不含有氧气？

大家已经知道，黑海底层是无氧区，你知道这个区域

为什么不含氧吗？原来,黑海海底的水中之所以不含氧,是由黑海所处的地理位置和海水密度的垂直分布特性决

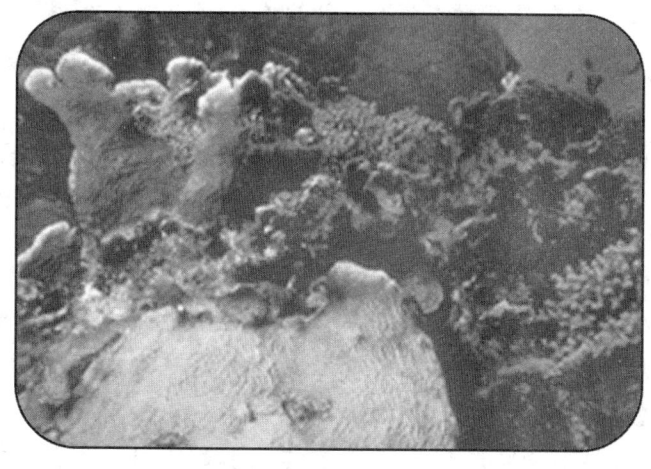

海底世界

定的。黑海属于封闭性海域,与外海的水体交换微乎其微,同时几条大河流入黑海,使黑海表层水的盐度大大降低,这些表层水比含盐量大的底层水轻得多,因而浮在底层水的上面,很难与底层海水发生垂直对流,所以氧气就不能从表层转移到底层。同时,底层水中有限的氧气被生物、细菌以及水体发生化学变化消耗殆尽,成为无氧水域。

117. 缺氧水体在化学性质方面有什么特殊性？

在海洋中,缺氧水体虽然不是很多,但它仍然是海洋中具有一定作用的水团。由于缺氧,这些水体具有不同于其他水体的性质。它的特殊性主要表现在以下几个方面:

在缺氧水体中,有机物不容易被氧化,造成它们的分解速度减慢;正常海水中存在的硫酸根离子在缺氧水体中被还原为硫化氢,这是一种具有强烈臭鸡蛋气味的有毒气体,难怪生活在遭受严重污染海域沿岸的居民,夏季里会经常闻到一种异味。

118. 在无氧海区有生物存在吗?

按理说,在无氧的情况下,是无法进行呼吸的,这就像陆地上没有水的沙漠一样,它是一个无生物区或生物稀少区。然而实际情况并不是这样,在这样的海区中却仍然有生命存在,这些生命主要是一些硫化细菌等低等生物。它们是怎样进行生命活动的呢?在没有氧的情况下,这些生命便依赖于性质最接近于氧的同族元素——硫。生活在无氧水中的生物,它们的主要代谢过程是依靠硫代替氧通常所起的作用。由此可以看出,自然界的生物具有多么强大的适应性。

119. 什么是 pH 值?

对于 pH 值这个名词,不知道的人会觉得很深奥,其实这是个很简单的概念。大家只要记住,pH 值是用来描述水溶液的酸、碱程度的一项指标就可以了。pH 数值的范围只限定在 0~14 之间,就能够准确反应任何溶液的酸碱度了。

120. pH 值有什么意义?

pH 值是用来表示溶液的酸碱程度的。一般来说,pH 值从 0~7 的溶液是酸性的,pH 为 7 是中性的,pH 值从7~14为碱性的。pH值越大,碱性越强,酸性越弱;反过来,pH值越小,碱性越弱,酸性越强。我们平时所喝的水是中性的,pH值在7左右。一般的碳酸饮料,由于含有酸性物质而使pH值小于7。我们所用的洗衣粉和肥皂,则是pH值大于7的碱性物质。

121. 海水的pH值有多大?

大家知道淡水是中性的,那么海水是否也是中性的呢?其实不然,由于海水中含有一些碱性离子及其盐类(主要是碳酸盐),因而海水呈弱碱性,所以pH值大于7。

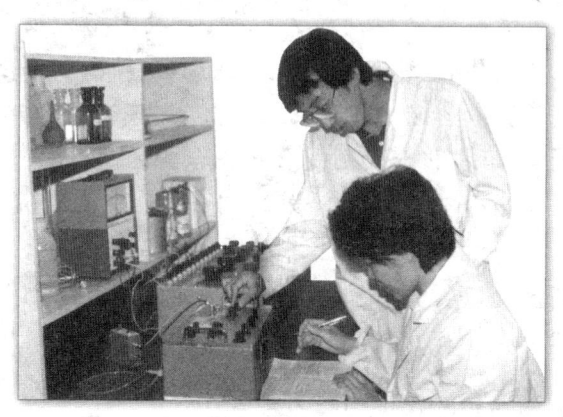

海水pH值测定

对于大洋海水来说,pH值一般在8左右。全球海水的pH值因海区、时间、深度等不同而有所差异,一般来说它的pH值都在7.5~8.4之间,这个数值的大小主要决定于二氧化碳系统的平衡关系。

夏季由于增温和强烈的光合作用,使上层海水中的二氧化碳含量下降,于是pH值上升,冬季情况正好相反。对于近岸和有河流输入的海区,由于河水的pH值接近中性,海水的pH值则直接受它的影响,会相应降低。

122. 什么是有机物?

说到有机物,我们前面已提到不少次,但到底什么是有机物,也许大多数人还说不清楚,现在让我们从专业的角度来看一下。

世界上的物质有千千万万种,但如果从化学的角度来看,它们只可以分为两大类,也就是无机化合物和有机化合物。无机化合物简称无机物,一般是指除碳以外的各种元素的化合物(例如水、食盐、烧碱、硫酸和石灰等),但也包括少数含碳的化合物(如一氧化碳、二氧化碳和碳酸钙等)。有机化合物则是含碳化合物的总称(一氧化碳等少数几个含碳化合物除外),例如糖、酒、蛋白质、醋和油脂等。有机物是地球上非常重要的一类物质,地球上所有的生物(包括动物和植物以及细菌、病毒)都是有机物家族中的成员。

123. 海洋有机物主要以什么形式出现?

所谓海洋有机物,也就是存在于海水中的有机物。你知道海洋中的有机物都有哪些吗?它们以什么样的形式存在于海水中呢?

我们所说的海洋有机物,主要包括活的和死的生物体、悬浮颗粒有机物(包括动物的粪便、动植物的分泌物、生物碎屑等)和溶解的有机物。从种类上讲,大到鲸、鲨鱼,小到易燃气体甲烷,处处都可发现有机物的身影。

据科学家们分析发现,世界大洋中总有机物如果以它的含碳量计算,每升海水中约含有1毫克碳元素,那么整个世界大洋中的总有机碳约有15万亿吨,这些物质相当于海洋生物总量的500倍,并且与整个陆地上的煤、泥炭和表层1米～30米深的地层中的有机碳总量差不多。如此看来,海洋有机物作为一个庞大的物质体系,内容是相当丰富的。

124. 海洋中的有机物是怎么产生的?

海洋中的有机物是怎样来的呢?它主要是来自于以下两种途径。

第一种是海洋内部自行产生的,也叫内部途径。这种途径是海洋有机物产生的主要途径,主要是由于海洋中的植物(特别是微小的浮游植物)通过进行光合作用合成的,也就是说,植物通过光合作用将二氧化碳合成为有机物,使植物得以生长,进一步通过食物链在海洋生物圈中进行循环。

第二种是海洋外部输入的,也叫外部途径。这种途径相对来说输入量较少。这一部分主要有河流输入和大气输入两种方式。

125. 什么是光合作用?

绿色植物吸收阳光的能量,吸收空气中的二氧化碳和水,将之制造成有机物质并释放出氧的过程叫作光合作用。光合作用是地球上利用光能最重要的方式,也是规模最大的由二氧化碳和水等无机物制造碳水化合物、蛋白质、脂肪等有机物质的过程。连粮食、煤炭中所含的能量,也都是通过光合作用贮藏起来的。大气中的氧也同样来源于光合作用。绝大多数生物(包括人)都直接或间接依靠光合作用所提供的有机物质和能量才生存下来。你看,光合作用对整个生物世界的用处有多大呀!

126. 海洋中的光合作用是由谁来完成的?

海洋中的光合作用主要是由自由地悬浮在海水中的浮游植物来完成的。另外,还有一些附着生物也能进行光合作用,这些附着生物可以是微型藻类或大型海藻(例如海带)。由于光合作用离不开光照,附着植物又仅局限在深度不超过100米的水域,所以它们对大洋的总初级生产量仅仅提供很小的一部分。

这些能够进行光合作用的植物在生物学上称为初级生产者,在海洋中所有其他有机体都是直接或间接依赖初级生产者作为食物,而且在光合作用的过程中释放的氧气更是生物界存在的必不可少的条件,所以,在海洋中浮游植物是最基本最重要的生物。

海底生物考查

127. 海水中的有机物含量通常是怎样表示的?

对于海洋中有机物的表示方法,看似简单,实际上很复杂。如果大家翻开海洋科学方面的一些书籍,会看到"有机碳"这个概念频繁出现,实际上,在海洋化学中,"有机碳"这个概念就是用来描述海洋中有机物含量的。那么,为什么要用有机碳来表示有机物的含量呢?

原因是这样的:海洋中的有机物在组成上非常复杂,但它们的共同特点是都含有碳元素。目前,人们尚不能将这些有机物的种类完全识别,也没有太大的必要去一一识别和测定。因此,在对海洋有机物进行测定时,通常是通过化学方法将有机物氧化后,测定出它的主要组成元素碳,然后将结果表示为该物质所含的有机碳。这样,实际上在海洋化学上有机物的多少是以有机碳的多少来表示的,所以人们通常把海水中有机物的含量又称为有机碳的含量就不足为怪了。

128. 海洋大气中也含有有机物质吗?

我们知道海水中含有许多有机物质,那么,在与海水直接相接触的海洋大气中也有有机物存在吗?

事实正是如此。目前科学家们已经测明,在海洋大气中,含有许多悬浮状和分子状的有机物,这些有机物大约是由150种化合物所组成的复杂的混合物,因为这些有机物有分子量小和在水中溶解度小的特点,所以一般都比较容易挥发,在波浪、风力等动力的作用下,很容易以蒸气的形式进入海洋上空的大气中去。所以,海洋大气中便也含有有机物了。同样,在陆地上由于自然作用以及人类活动,也使很多易挥发的有机物进入大气,并且很容易随着大气的运动来到海洋上空。

129. 大气能向海水输送多少有机物?

有机物通过大气向海水输送是海水中有机物的重要来源之一。有人估计,每年单纯由降雨带入海洋的溶解有机物质约有22000万吨,可以与河流的水输入量相比拟。

由大气输入海洋的有机物质中,最引人关注的是含氯农药。其中,农药中的滴滴涕就是主要通过大气进入海洋的。据推算,每年由此途径输入海洋的滴滴涕总量约为24000吨,相当于世界年产量的25%,而经地表径流进入海洋的滴滴涕,只占世界总产量的0.1%左右。由此可见,由大气向海洋中输送有机物是海水中有机物的重要来源之一。

130. 什么是海洋中的营养元素？

海洋中的营养元素并不是指我们平时食物中的营养物质，而是海洋浮游植物生长时必须摄取的一些化学元素，也是海洋生物生长必不可少的元素。这些元素在海水中的浓度受生命活动的影响很大，反过来，它们的浓度大小也会直接影响生物的生命。在海洋科学上，通常说的营养元素就是指氮、磷、硅三种。

131. 为什么只有氮、磷、硅被称为营养元素？

在海水中，除了氮、磷、硅以外，还有其他一些元素也与海洋中的生命有关，例如元素碳、氢等，但是，生物生命活动对它们的影响较小。在海洋中，生物能吸收或排出大量的氮、磷、硅，生物的活动对它们浓度的影响是很容易觉察的。而对于其他一些也与生命有关的元素，生物的活动对它们浓度影响几乎觉察不到。所以，科学家们就把受生物影响最大、关系最密切的氮、磷、硅，称为营养元素了。

132. 海洋中的营养元素从哪儿来的？

了解了营养元素后，我们就来看一下海洋中的营养元素是从哪儿来的。

海洋中营养元素的来源可分为两部分。一是内部来源：主要是海洋中生物死亡后的尸体在微生物的作用下分解，释放出营养元素，这一过程主要发生在深海。另一个为外部来源，主要有以下几个方面：在陆地上，岩石在风的作用下逐渐分解,释放出营养元素,连同生物体的尸体和排泄物分解出的营养元素,在雨水和河水的载带下,进入海洋;另外,大气中的物质向海洋输送、雨水的加入和空气中固体颗粒的沉降等,也是海水中营养元素的来源;就连海底火山、海底热泉的活动也可为海水中营养元素的浓度变化贡献一份力量。

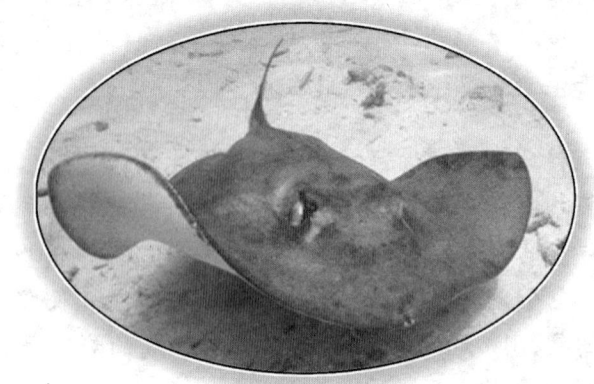

提供营养元素的海洋动物

133. 什么是营养盐?

我们可以称营养元素为海洋生物的生命元素,那营养盐是什么意思呢? 自然界中的任何物质都是由元素组成的,而元素自身很难独立存在,在海洋中也是一样。

在海水中,浮游植物所利用的氮主要以硝酸盐、亚硝酸盐和少量铵的形式存在;磷主要以磷酸氢根、磷酸根的形式存在;硅主要以硅酸盐的形式存在。由此可见,这些营养元素都是以盐的形式被吸收和利用的,所以,营养元素又称为营养盐。

134. 磷元素有什么用途?

你可能听说过这样一些故事：在漆黑的夜里，人在荒郊野外行走会突然发现远处有火光在闪动，你走它也走，你停它也停，使人毛骨悚然，这就是所谓的"鬼火"。"鬼火"是尸体或棺木腐烂时释放出的磷，这些磷的氢化物在常温下发生自燃，可以放出明亮的光。

磷元素是一种非金属元素。磷和它的化合物可以制作火柴、酵母和烟幕弹等，但它的主要用途还是制造磷肥。磷是构成植物细胞核蛋白的重要元素之一，它对植物的根系发育和种子的成熟有着重要的作用。据计算，每收获 50 千克粮食，庄稼就要从土壤中吸收 0.754 克磷。如果在庄稼将要成熟之前施用磷肥，会大大提高粮食的产量。大家都知道没有粮食就没有我们的生命，既然磷元素对庄稼这么重要，那它对我们人类是不是也非常重要呢?

135. 阳光对海洋化学过程有什么影响？

阳光对大气和陆地的影响我们都十分清楚了，那么，对海洋的影响又怎样呢？

首先，在海洋里普遍存在的光合作用，没有太阳光是绝对不能完成的。太阳光使海水表层温度升高，加快了海水里化学反应的速度，包括生物过程的反应速度。由于温度升高，海水的蒸发速度加快，还使空气中的水蒸气量增加，增大了陆地的降水量，并使得海水表面的盐度发生改变。另外，在海洋——大气界面上，由于光的作用，还会发生一些直接的光化学反应，使海水中的许多物质直接发生化学反应。你看，阳光不但为我们陆地上的粮食生产提供了光能，还保证了海洋中各种反应的正常进行。它不仅为我们提供了鲜美的海洋食品，对我们的气候、环境等也提供了极大的帮助呢。

136. 什么是胶体？

把不同的物质放在水中，它们溶解的情况是不同的，有完全溶解的，有部分溶解的，当然，也有一点也不溶解的。在溶解与不溶解之间存在着一种中间状态，那就是化学上经常提到的"胶体"。胶体物质的颗粒大小在 10^{-5} 厘米～10^{-7} 厘米之间，它的表面积与不溶性物质相比特别大，因此，它具有许多特殊的性质和功能。例如，由于表面积大，它会吸附溶液中的其他离子和分子，从而使胶体颗粒表面带有电荷。这种表面带有电荷的胶体物质对海水的作用可就大了，它保证了海水性质的相对稳定，保证了海洋中的生物繁衍生息。

137. 为什么称海洋为"胶体摇篮"?

对于摇篮,许多同学可能比较清楚,它具有抚育生命的功能。那为什么把海洋称为"胶体摇篮"呢?这就是说,海洋是具有胶体物质一样性质的摇篮。它在对海洋生物的生长中起到了十分重要的作用。

首先,它具有较大的浮力,使浮游能力较弱的鱼虾幼虫便于起浮而不易下沉;其次,胶体具有活性表面,能吸收或转移掉水中的有害杂质,保持水质清洁无毒。而且,胶体黏稠,水色浑浊,这对于保护鱼虾幼虫少受侵害具有十分重要的作用。另外,胶体环境也利于鱼虾之外其他浮游动、植物的生长,为鱼虾提供丰富的饵料。同时,胶体物质色深,吸热和保温性能较好,对气候和温度变化不那么灵敏,又因为它黏稠,不容易起波浪,较能抗拒风暴颠簸,使鱼虾幼虫生活环境稳定。正因为海洋具有这些独特的性质,才使得几十亿年的海洋始终展现出鱼虾成群的勃勃生机。这就是人们把海洋称为"胶体摇篮"的原因。

在"胶体摇篮"保护下的海洋动物

138. 海洋与人类呼吸有关系吗?

大家可能会奇怪:我们又不是在海水中生活,人类呼吸和海洋会有什么关系呢?我们来想一想,人类,包括一切动物在不停地吸进氧气,呼出二氧化碳,这么多的氧气是从哪里来的?那么多的二氧化碳又到哪里去了呢?

我们知道,陆地上大量的森林、草地等绿色植物,能通过光合作用,吸收二氧化碳,而放出氧气;可是人们往往忽略了海洋里也有大量的植物,它们也能够大量地"吸碳吐氧"。如果把地球比作一个大的呼吸系统,那么海洋就相当于地球的"肺"。因为海洋占地球总面积的71%,这么辽阔的海面能吸收掉地球上的二氧化碳和能产生的氧气是大量的。

科学家们经测量证明,海洋每年生产的氧气高达360亿吨呢,你还能认为海洋与人类的呼吸没有关系吗?

139. 什么是海水电池?

谈到电池,大家都十分熟悉。只要将电池上的正负极用灯泡连接,就可以照明了。用海水做电池,大家可能会认为这是科幻小说中出现的事情,其实不是。现在科学家已经将它研制成功了。海水电池是用海水做电池中的电解液,用金属镁做阴极,用氯化铅作阳极,其性能很好,而且价格便宜,发展前景很大。科学家们正在研究如

何用海水电池作为大型海上工程的照明电源呢!

140. 什么是放射性?

所谓放射性就是指不稳定原子核可以自发地放出射线的现象。天然存在的放射性物质能自发地放出射线的特性,被称为"天然放射性",如铀、钍、镭等元素便具有天然放射性;而通过核反应装置,由人工制造出来的放射性物质的放射性,被称为"人工放射性",如钚、镉等具有人工放射性。

放射性在工业、农业、科技、军事等方面都具有极其重要的价值和广阔的用途。但是,如果人类或其他生物受到过量的放射性物质辐射时,就可能引起各种放射疾病。

141. 放射性元素在海洋学上有哪些应用?

核武器、核电什么的,这都是放射性元素在军用和民用方面发挥的作用,大家想必都已经知道了。那么在海洋科学研究中,放射性元素又有什么应用呢?

在海洋科学研究中,放射性元素主要用来研究某一特定海水(称为水团)的年龄及来源,研究海流的运动规律,另外,还用来研究光合作用的速度及元素和它的化合物在海洋食物链中的传递规律及速度等等,今后还会有更进一步的利用。

142. 怎样从海洋里采取海水?

从海中取出点海水来不是很容易的事吗?这还值得探讨吗?对于从事海洋化学分析工作来讲,从海水中提取海水可不是很简单的事情。它不仅要求有计划地选准海区位置,取水的标准深度,同时对采水器的种类,采水的方式方法等都有极其严格的要求。采取水样的方法就可以分为以下三种。

第一种为采水器取样法,就是把一系列的采水器固定在船上的钢丝绳上,将它开着口放入所需的各个不同的深度,当海水样品流入后,给予信号使采水器关闭,这样就封存了一瓶海水,然后再提到船上备实验分析用。第二种为水泵采水法,它是把一根塑料管放入所需的取水深度,用水泵直接采取水样。第三种为现场提取采样法,就是将装有吸附剂的管子,放到海水预定深度,用泵抽入海水并使它通过吸附剂,最后进入采样器。为了保证分析测定数据的准确可靠,历代海洋科学家们都在海水的取样方法上,实实在在地进行了许多研究。

143. 采水器有多少种?

既然海水样品的提取对海洋研究工作如此重要,科学家们对采水器的研究有什么成果呢?按采水器的种类划分主要有以下四种:

第一类为南森采水器。这种采水器自1929年起一直使用到现在,是最早的也是使用时间最长的一种。这种采水器由黄铜制作,它的主体是一个两头有活门的圆筒体,筒体外壁装有一个颠倒温度计,在采样的同时,还可以测量水温。

第二类叫范多恩采水器,是在1956年设计出来的。这种采水器结构简单,主体是一个有机玻璃管,两端以橡胶活塞关闭。与南森采水器相比,它的优势就是取水量大,大的取水量可以达50升。

第三类为尼斯金采水器。自1968年开始使用,直到现在还是海洋化学上的主力采水器。它在范多恩采水器的基础上进行了较大的改进,一般由塑料(聚乙烯)作主体材料,外壁装有旋转温度计。

海上现场观测

第四类称为勾浮离采水器,这可以称得上是目前性能最佳的采水器,它是结合了南森采水器和尼斯金采水器的优点并进一步改进而成。该采水器最大的优点是可防止表层污染,但是价格昂贵。

以上4种采水器仅仅是一般的海洋化学研究中使用的主要采水器类型,针对一些特殊的研究需要,科学家们还研制出了其他许多种专用采水器。

海洋化学

海水的化学资源

144. 海水值多少钱？

提出这个问题，你也许会觉得奇怪：海水多的是，谁还会花钱买海水呢？如果算一笔账，你就会知道其中缘由了。大家知道，海水中存在大量的生命物质和非生命物质，除去鱼、虾等生命物质，单纯海水中溶解的化学成分，就有相当大的利用价值。在每立方千米的海水里，溶解有3500万吨固体物质，价值10亿美元，其中包括1980万吨食盐、950万吨镁、89万吨硫、301万吨溴、3吨铜、0.3吨银和0.04吨金。另外，还有许多其他物质，它们共同组成了富饶的海洋资源。如此可见，海洋是一个多么富饶的大宝库。

145. 海洋资源指的是什么？

资源，就是能够通过一定的形式为人类所利用的，而海洋资源则是与海水有密切关系的一种资源，它通常是指能在海水中生存的生物（包括人工养殖），溶解于海水中的化学元素和淡水，海水的波浪、潮汐、海流等所产生的能量，海水中贮存的热量，海底所蕴藏的矿物质等。总之，海洋资源指的是与海洋水体本身有着直接关系的物质和能量。

146. 海洋中资源是怎样分类的？

海洋中的资源是多种多样的，目前，人类根据不同的需要，对海洋资源进行了不同的分类。目前人们主要使用的还是按资源属性的不同来分类的。这样，海洋资源主要分为生物资源、矿产资源、化学资源和动力资源，因为这样的分类既简单明确,又能体现海洋资源的属性、特征和分布状况。比如,海洋生物资源,它包括了海洋中一切有生命的动植物;海水化学资源,指的是溶解在海水中的一切化学元素;海底矿产资源,是指被海水覆盖于海底的各种矿物;而海洋动力资源,则指物质运动所产生的能量。有了这种分类,科学家们便可以根据自己的研究学科,进行有目的的海水资源的开发研究工作,为人类的生产和生活提供各种各样的能源。

147.什么是海水化学资源?

对于什么是海水化学资源的问题,海洋学家们已经给了明确的定义。所谓海水化学资源,指的是溶解在海水中的一切化学元素,尽管它们的含量有多有少,但共同的特点是布满了整个水域,并且这些化学元素主要是以离子形式存在在海水中。据初步估计,现在全世界河流,从陆地带到海洋中去的溶解物质,差不多每年有30亿吨。按照这样的速度,每25000年,流水就能将1米厚的陆地表层全部"搬"到海里去。可以想见,海水中拥有的物质是多么的丰富。而这些物质中以元素形式存在于海水中的部分就是我们所说的海水化学资源。

148.海洋化学资源开发利用现状如何?

海水中的化学资源种类繁多,储量丰富,其中溶解有约5亿亿吨化学元素,平均1立方千米的海水中就含有3570万吨的化学物质。世界上最珍贵、最稀有的黄金在海水中的总量就达500万吨以上,制造威力巨大的核武器的原料铀,在海水里就蕴藏着45亿吨之多,当然还有一些对人类有非常大价值的其他化学元素。目前人们只从中提取了极少的一部分,对很多物质,人们尚未找到提炼它们的有效方法。食盐是从海水中提取量最多的物质。目前全世界每年生产海盐5000万吨,占食盐总产量的三分之一;用来制造飞行器的镁元素,目前人们每年从海水中提炼出270万吨镁砂,占世界镁产量的36%;钾是重要的农肥和玻璃仪器制造业的原料,目前已有挪威、荷兰、日本等国家对海水中钾进行了提取利用;而工业上重要的工业原料——溴,绝大部分是从海水中提取的;另外,一些发达国家已开始从海水中提取其他对人类有用的物质,如制造氢弹的原料——重水,制造原子弹的原料——铀等。在我国,从海水中提取的物质主要是食盐和溴,对于钾、铀元素的开采已进行了大量研究工作,并列入了海洋高科技研究计划。

149.人类从海水中获取的化学物质有哪些?

海水中含有的化学物质是如此巨大,几乎成了人类取之不尽的化学资源宝库。可是，近几十年来，尽管科学家们在化学资源的利用提取方面获得了许多重要的技术突破，但距离多品种的大量开发利用还有许多课题要解决。目前，人们直接从海水中提取的化学物质并不多。根据不完全统计，人类每年由海水中提取的物质可达几十亿吨。居首位的仍然是淡水，有20多亿吨，其次是我们日常使用的食盐。此外，金属镁、镁的化合物和溴的提取数量也相当可观，连同另外一些化学提取物质，每年总产值大约为7亿美元以上。相信在不远的将来，这一数值就会有飞跃性的突破。

150. 你了解"海水农业"吗？

所谓"海水农业"，就是利用从海洋中抽吸的海水来灌溉种植耐盐性的农作物，它是现代农业的一个新的分支。

目前世界沿海国家对海水农业的研究主要集中在两个不同方面：一是通过基因工程提高普通农作物（如大麦、小麦）的耐盐性；二是培育野生耐盐性植物。

"蓝色革命计划"是把海水养殖业由近海向大洋扩展，而"海水农业"则是要迫使陆地植物"下海"，这是与以淡水和土壤为基础的陆地农业的根本区别。科学家们为了获得耐海水的农作物正在进行艰苦不懈的探索，他们除了采用筛选、杂交育种方法外，还采用了细胞工程和基因工程育种方法，这些研究仍在不断深入。目前，采用品种筛选和杂交等传统方法已经获得了可以用海水灌溉的小麦、大麦和西红柿等农作物品种。我国发展海水农业有着优越的自然条件,大陆岸线 18000 千米,海岛岸线 14000 千米,可利用的海水国土范围巨大。沿海滩涂可利用面积 200 多万公顷,河口滩涂还以每年 2 万~3 万公顷的速度继续淤长。我国还有盐生植物 424 种,隶属于 66 科 200 余属,其种抗盐能力在海水的百分之几至 2 倍不等。这些生命力很强的海洋初级农产品,如果能够通过遗传工程的手段,将其基因与陆地农作物基因重组,将会培育出大量的可以在陆地生长并用海水浇灌的农产品来。可以想象:一旦海水农业形成了气候,农业生产将会进入一个十分广阔的发展空间。

151. 从海水中获得的化学物质中价值最大的是哪一种?

仅从经济角度看,目前人类从海水中获得的化学物质中,价值最大的产品非食盐莫属,食盐的产值已超过海水化学制品总产值的一半,为制碱、制盐酸等基础化学工

传统盐田的盐工

业提供了充足的基础原料。目前,全世界每年生产的海盐已超过5000万吨,占食盐总产量的三分之一。我国2004年的海盐年产2100万吨,名列世界第一位。可以想象,如果没有海洋,那我们的食盐可要比现在珍贵得多了。

152. 世界上最清洁的水在哪里?

目前世界上最突出的一个问题是"水脏了",为此,科学家们一直在寻找清洁的水源。虽然每个国家(或地区)都以科学的方法制定出了水质标准,达到清洁标准的水才被视为清洁水。但实际上这个清洁标准还是低限要求,是一种相对比较清洁、对健康并无大碍的标准。那么,真正清洁的水源在哪里呢?科学家通过研究意外发现:世界上最清洁的水源竟然是深层的海水。

所谓深层海水,通常是指深度超过200米的海水。原来,海水的流动能够影响到的水深通常不会超过200米,这样,深层海水与表层是截然不同的。研究表明:海洋中的污染物通常都被表层海水溶解了,不可能污染到深层海水。而且,深层海水中所含的细菌种类非常少,仅约为表层水的千分之一至万分之一,因此说深层海水是非常清洁的水源。

153. 为什么日本人越来越喜欢利用深层海水?

近年来,日本开始大力开发和利用深层海水,其中富山、高知、冲绳三个县已在海水养殖、康复美容、饮料食品等方面取得了一系列成果。一方面,深层海水是非常清洁的水源;另一方面,深层海水含有丰富的氮、硅、磷等成分,可用于发展海水养殖;另外,深层海水的温度也较为稳定,日本海沿岸全年保持在2℃左右。

日本富山县早已把发展深层海水产业作为今后振兴经济的一项重点。该县兴建了专门的取水设施,从距海岸2600米远、321米深的地方抽取海水,每天抽取量在3000吨左右。已有约50家企业利用这种海水开发出了120多种商品。另外,富山县水产试验场正在利用深层海水从事鳟鱼、虾、海带等养殖和研究,该县还兴建了集娱乐和康复功能于一体的海水治疗设施,利用深层海水为人们提供桑拿、美容等服务。由此可见,若方法得当,深层海水还是可以很好地为人类服务的。

154. 从海水中获得的物质中数量最多的是哪一种?

从数量上来讲,人类从海水中获得最多的产品是淡水。获得的途径中最主要的是海水以蒸发降雨的形式到达陆地,滋润庄稼并形成河流,供人们生产生活所需。另外,一种新兴的利用海水来获得淡水的方式已为人类创造了巨大的效益,那就是海水淡化。在人口急剧增长,环境污染日益加重,陆地淡水资源逐渐困乏的现实社会中,从海水中提取淡水可能是人类未来解决"水荒"的唯一途径。

155. 是否可以利用海水种植蔬菜?

随着科学技术的发展,已经可以利用海水来灌溉蔬菜了。目前,我国已经培育成功可以利用海水来灌溉的多种蔬菜,如海芦笋、海英菜、蕃杏、菊苣、蒲公英等10多种海水蔬菜。这些海水蔬菜除含有普通蔬菜的各类营养成分外,它们的灰分、粗蛋白质、维生素 B_2、维生素 C、胡萝卜素含量还比同种的普通蔬菜高,其中胡萝卜素含量高出 40 倍,锌、硒等微量元素高出 2 倍~6 倍。目前,已建和在建的耐海水蔬菜的生产面积已接近 5000 亩。利用海水灌溉种植蔬菜,可以合理利用水资源,开辟出海水直接利用的新途径。

156. 为什么说"死海"已经遍布全球?

海上"死亡区"(因受到严重污染,该水域已经不存在生命)最早在 20 世纪 60 年代就得到了确认,在后来的 30 年中,其面积和数量一直在不断扩大。目前在全球海洋中已造成近 150 个严重缺氧的死亡区域。比较大的死亡区在美国的切萨皮克湾、波罗的海、黑海等海域出现。墨西哥湾是最著名的死亡区,它与由密西西比河流入墨西哥湾的营养物质和化肥有直接关系。其他的死亡区正在南美洲、中国、日本、澳大利亚东南部和新西兰的沿海出现。随着工农业的发展,未经处理的化肥(其主要成分是氮)流入海洋后会导致浮游生物生长过于旺盛,这会引起海水严重缺氧,全球变暖引起的更多降雨和温度升高会进一步使这一问题恶化,将导致亚洲、拉丁美洲和非洲部分地区的沿海出现更多的死亡区。

因此,必须减少农业、人类排污及空气污染的影响,以扭转这一人文和生态危机。目前,很多国家已经在采取措施减少流入海洋的化肥和废水总量,并且还在沿海地区植树种草,以吸收多余的氮。莱茵河沿岸的欧洲国家已达成一致协议,将排入该河的氮减少一半,从而使流入北海的氮总量减少37%。相信有了各国的广泛关注和各种保护措施的实施,海洋中的死亡区将会越来越少。

157. 海水中存在多少氢能?

学过化学的人都会知道,氢气和氧气发生化学反应,在生成水的同时释放出大量的能量,这可是"环保型"的能量。它既不像煤那样燃烧后产生大量黑烟污染大气,又不像开采石油那样产生环境污染。另外,地球是个大水球,如果这滔滔不绝的海水可以成为制氢的原料,人类就又获得了一种用之不尽的能源。有人计算过,如果把海水中的氢都提取出来,所具有的能量将相当于目前世界上蕴藏的全部矿物燃料的9000倍。当然,这只是数字上的一种计算,海水制氢并不是一件容易的事情。

158. 你听说过从水中取火的奇事吗?

大家都知道"水火不相容"的道理,可是,现代科学技术却能从水中取出火来,你知道是怎么回事吗?从化学角度看,每个水分子都是由两个氢原子和一个氧原子结合而成的,如果将它们分开,就会产生氢气和氧气。其中,氢气是可燃气体,它在氧气中燃烧,会生成水并放出大量的热量,其温度可达2800多摄氏度。如果设法把水分子中的氢原子分解出来,水中的火不也就取出来了吗?最早分解水的方法是电解法,就是往水中通电,将水分子中的氢和氧分解开来,就得到氢气了。当然,用这种方法得到氢气的成本是很高的,它几乎与燃烧氢气所得到的热效益相当。那么,有没有更经济的方法呢?科学家们通过不懈的努力,已经取得了一些成果。例如:1973年,国外成功地进行了利用一种生物酶和叶绿素分解水产生氢气的实验反应;1979年又采用人工化合物,依靠太阳光来分解水获得了成功。实践证明,海水中的许多藻类都能利用阳光把水分解成氢和氧。目前,德国已开始建造利用藻类制氢的农场,预计在2020年可形成藻类制氢产业。事实已经告诉我们,水中不仅可以取出"火"来,这种"火焰"还具有十分光明的前途。

159. 渔翁探得什么"宝"?

在人类历史上,是从什么时候开始在食物中加盐调味的呢?这已经难以考证。但是,我国民间却流传着这样一个故事:在很久很久以前,由于人们不知道用食盐调味,所以大家都过着"青菜淡饭"的日子。一天,一位老渔翁偶然看到一只美丽的凤凰在海滩上停了一下,又飞走了。老翁想:凤凰不落无宝之地,也就是凤凰停过的地方一定有宝。他就在那里挖了起来,可是结果令他大失所望,根本就没有什么宝。倔强的老翁最后装了满满一袋海泥带回家,并对人说:这是凤凰停过地方的泥,里边一定有宝,让有福之人得到它吧。它把泥袋高高地挂在家里,不时地瞧着。当时正值"清明时节雨纷纷",没几天,泥袋表面变得越来越湿润了,有时竟滴下水滴来。事也凑巧,一天,老翁的老伴端着菜碗从泥袋下走过,几滴水落入菜碗。老伴十分歉意,可老翁吃过几口菜后,猛然大叫:有了,有了。有什么了呢?这老翁很有福气,他终于发现"宝"了,这宝就是现在的食盐。据说,从那以后人们才知道在做菜时加点带咸味的"泥水",后来又逐渐知道做菜时加点盐,不仅吃起来美味可口,而且强身壮体。难道这不是真正的宝吗?

160. 食盐的历史"身价"有多高?

现代人们的生活中,很少有人在用盐上发愁了,因为它太便宜了。可是你知道人类有很长一段"用盐贵如金"的历史吗?远在6世纪,古罗马士兵的工资不是金,也不是银,而是一包食盐。有些国家的国宴上,盐罐总是放在国王的面前,以离盐罐的远近区分身价的高低。法国历史上一部《礼节大全》中有这样规定:宴会上,主人和特殊贵宾坐在桌子头上,叫作"在盐之上",次一等客人则坐在"盐下"。古埃及的人们外出时,随身都要带上一把盐,作辟邪的护身符,遇到灾难时,就赶快念叨"我要吃盐,我要吃盐"。现在,英语中工资一词"salary"也是由盐这个词演变而来的。

161. 食盐对人的身体有什么作用?

食盐已经成为现代人一日三餐不可缺少的物质,那么,人为什么需要食盐?食用的盐都到哪里去了?人应该食用多少盐呢?试验证明:人体缺少食盐会感到头晕、倦怠、全身乏力,使学习和工作效率降低,长期缺盐会患心脏病。食盐在人的新陈代谢过程中常随汗液排出体外,在紧张的体力劳动、剧烈的体育锻炼之后,要注意喝些含盐水,使食盐在身体内的含量得到补充。那么,是不是多食一些食盐才好呢?不是,食盐过多,会导致肾脏病和高血压。成年健康人每天食盐量在2克~6克就足够了。

162. "化学工业之母"是指什么?

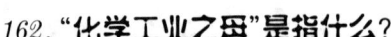

除了食用,你知道食盐在现代工业上有什么用途吗?食盐在工业上是一种非常非常重要的化工原料,它能够制造很多与我们生活密切相关的产品,如果缺少它,酸、碱、化肥和我们每天都可能用到的各种塑料制品等上万种产品就根本无从谈起。例如:我们可以通过电解食盐

水,得到烧碱、氯气和氢气;将烧碱加入动植物油中,放进锅内煮一下,就可以得到肥皂和甘油;电解产生的氢气和氯气,能够合成盐酸;而盐酸又是合成橡胶、染料、化肥、药品等工业上

时刻也离不开的原料。用食盐制造的纯碱不但用于锻造金属,还是化肥、造纸、纺织等工业的重要原料。你们看,食盐对人类社会的贡献有多大呀,它作为一种工业原料,支撑着一个庞大的化学工业体系。所以,人们给了它一个响亮的名字——"化学工业之母"。

163. 食盐是怎样从海水中提取出来的?

既然食盐对人类有这么多作用,那么人们怎样从海水中取出食盐呢?几千年以前最古老的方法是"火煮盐法",就是用火把海水煮干,就能得到白色的海盐。后来又发现了"盐田法",就是在靠近海边的地方整理出大面积的盐田,将它放入海水,通过太阳的蒸发,当水少到一定程度后,盐田就会出现白色的粉末和小晶粒食盐了。这种方法又称为太阳能蒸发法,虽然古老但至今仍在许多国家广泛沿用。由于"盐田法"主要在气候条件适宜并拥有广阔的海滩的地区进行,它的生产要受到季节和自然条件的影响,盐产量也较低。于是,人们又研究发现了

许多新的海水制盐方法。从20世纪50年代开始到70年代,电渗析法制盐得到了广泛应用,这种方法的优点是占地面积小,四季皆可生产。像日本这样降水多、蒸发量小又无宽阔海岸空间的国家最适合采用电渗析法提取食盐。另外,还有冷冻制盐法等。不管是哪一种方法,这个世界上正因为有了食盐,才使得人们的生活更精彩。

164. 我国用海水制盐的历史有多久?

据历史考证,在公元前2686—2181年的埃及古天国时代的金字塔文字中,就有用蒸发海水制取"钠盐"的记载。在我们中国,从发掘出土的历史文物的熬盐工具证明,早在仰韶文化时期(公元前2000年),福建沿海人们已用海水煮盐了。春秋时期,齐桓公就专设了盐官煮盐。约在明朝永乐年间,开始废锅灶,建盐田,改煎煮为日晒,使海盐生产进入了一个新的时期。如此看来,我国用海水

制盐已有四五千年的历史了。

165. 我国首次海洋资源化学研讨会什么时候召开？

除了用海水制盐以外，我国科学家在20世纪50年代后期就开始了海水化学资源的研究工作。为了有计划地启动这一方面的工作，由原国家科委海洋专业组发起的中国首届专门的海洋资源化学研讨会于1981年1月在天津召开。会上广泛讨论了海水提溴、提钾、提铀、提碘、提镁砂等相关问题。该会一致认为：①结合国家现代化需要，针对中国自然条件、自然资源特点要积极开展新兴技术的研究工作；②对具有重要应用前景的基础性研究要合理安排，并重点支持。这次会议对推动我国海洋化学资源开发利用研究有重要的促进作用。

166. 今天人类怎么制盐？

时至今日，世界上盐业生产主要有三种方法，就是盐田法、电渗析法和冷冻法。实际上世界上绝大多数国家仍使用盐田法制盐，但生产技术已大大改进。生产中的各个环节基本实现机械化，产量大大提高。

电渗析法制盐的原理与电渗析法淡化海水方法一样，它与盐田法比较有自己的优势：占地面积小、节省劳动力、基建投资少，制盐后的卤水浓度高。如果再利用卤水提取化学物质，提取的成本就会大大降低，因此，电渗析法制盐具有十分广阔的前途。日本是目前世界上唯一用电渗析法完全取代盐田法制盐的国家。冷冻法制盐最适合纬度较高的国家。它是通过海水冷冻后，取走冰，用剩下的高浓度海水制盐。目前像俄罗斯、瑞典等位于寒带的国家多用此种方法。

167. 世界上最大的盐厂建在哪里？

现在世界盐产量年达5000万吨，用海水制盐的国家有100多个。世界上称得上第一大的海盐场是墨西哥的黑勇士盐场，它的机械化程度很高，一个盐场年产盐量就高达850万吨，占世界总产量的12%。它主要出口美洲和亚洲国家。

168. 我国最大的海盐产区在哪里？

我国主要有4大海盐产区，其中最大的为长芦盐区。长芦盐区主要分布在乐亭、滦南、唐海、汉沽、塘沽、黄骅、海兴等县区内，其海盐和盐化工的产量、产值已超过全国海盐和盐化工总产值的60%。其他3个海盐产区分别为：辽东湾盐区、莱州湾盐区和淮盐产区。辽东湾盐区有复州湾、营口、金州、锦州和旅顺5大盐场，其盐田面积和原盐生产能力占辽宁盐区的70%以上；莱州湾盐区是山东省海盐的主要产地，包括烟台、潍坊、东营、惠民的17个盐场，盐田总面积约400平方千米。该盐区从技术装备水平、产品质量以及企业经济效益来看，在国内各盐区中处于先进地位，主要盐场综合机械化水平达到60%以上，单位面积产量高达73吨/公顷，列北方各海盐区单产之首；淮盐产区因淮河横贯江苏盐场而得名。江苏盐场分布在北起苏鲁交界的绣针河口，南至长江口这一斜形狭长的海岸带上，跨越连云港、盐城、淮阴、南通4个市的13个县、区，占地653平方千米。江苏海岸带有全国最为广阔的沿海滩涂，四季分明的气候条件，非常适宜于海盐

生产。

169. 什么叫卤水？

在盐田里,将海水晒到一定浓度后,盐的白色结晶就出来了,盐工将盐收起后,剩下的浓海水就叫卤水。应该说海水中存在的80多种化学物质,在卤水中都得到了浓缩,因此,它的用途就大了。人们最熟悉的就是用它来制作豆腐,而从卤水中提取溴、镁、钾等物质不失为一种高效的提取办法。目前,许多国家已经选择这一捷径来提取海水中的物质了。

170. 我国的卤水资源有多少？

除了晒盐后的卤水外,自然界还有没有其他卤水存在呢？经有关专家调查发现,在许多地方的海滨,地下有丰富的卤水资源。我国海岸带地下卤水主要分布在山东莱州湾、河北的黄骅和南堡,辽宁的盘山和八千地区等地,天津的塘沽与汉沽等地,储量达100多亿立方米。地下卤水的盐度是通常海水的2倍～5倍。同样,卤水中的其他成分,浓度也是增加的。这是发展盐化工业和海水化学资源提取的优良资源。如果能充分利用,能为人类作出很大贡献呢！

171. 我国的盐产量占世界第几位？

我国在盐生产上不仅有悠久的历史,而且产量也一直居于世界前列。到2009年,我国每年的盐产量达到6600万吨,居世界第一;盐生产能力则达到了7200万吨。在中国跃升至世界第一之前,美国一直位居世界盐产量的榜首。除中、美两国外,俄罗斯、德国、加拿大、英国、印度、法国、墨西哥、澳大利亚等国,也是世界上主要的产盐国。此外,日本是世界上最大的盐进口国和消费国,荷兰拥有规模庞大的跨国制盐企业和先进的制盐技术。上述12个国家,一并成为对世界制盐工业产生重要影响的国家。我国的盐产量主要来自海盐、井盐和湖盐。其中,以海盐为大宗,约占全球海盐总产量的三分之一以上。

172. 海水中的盐有能量吗?

如果我们将一杯淡水和一杯盐水倒在一起,那么,盐水中的盐分就会自动地向淡水中扩散,直到整个溶液的浓度达到均匀一致。在这个混合过程中,溶液中会有相当多的能量释放出来,这就是盐能。别小看这些能量,如果确实存在大量浓度不同的溶液可供混合,它释放出来的能量是巨大的。在地球上,我们有大面积的海洋和数不清的河流,而在海水与河水的交汇处就是这种能量的源泉。如果利用所有这些盐能来发电,一共能够产生大约14000亿千瓦的电量,这些能量可要比海洋中的潮汐、波浪和海流的能量大得多,仅次于海洋温差的发电潜能。

据科学家们的计算,每条江河入海口海水与淡水混合时产生的渗透压相当于240米高的水位落差产生的压力,在全世界的水电站中,有这样高的水位落差的寥寥无几。在我国,虽然存在着很大的盐能资源,但由于技术方面的原因,这种能量还没有被利用起来。相信随着科学技术的提高,这种天然的能量总有一天会被人们利用起来的。

173. 怎样利用盐能?

盐能虽然储量巨大,但真正利用并不容易。大家知道,两种不同浓度的溶液之间的混合,是很快就完成的,而能量的释放也在短时间内结束,但我们对电的使用却是要连续性的,就好像我们所用的电视,怎么可以一会有电,一会没电呢?所以,我们对盐能资源选择时,首先考虑的是这种资源应该能够保持浓、稀溶液不断进行混合,溶液之间的浓度却又永远不能达到相等。怎么办呢?"世上无难事,只要肯攀登",科学家们经过多年的苦心研究,终于发现了"新大陆",在河流入海口处,永远存在着淡水和海水的混合,浓度差又永远存在着,这就使我们对盐能的利用成为可能。根据化学上浓差电池的结构原理,人们可以选择适当的材料做成两个巨大的电极,一个浸在河水之中,一个浸在海水里面,两个电极间再用导线构成回路,这样,一座大型的浓差电池就制作成功了。这种电池一旦建成,河流和海水混合后释放出的能量就不会白白浪费掉了,这种以盐差发电的形式为人类提供用之不竭的能量,不就可以为人类节省大量的其他能源了吗?

174. 溴对人类有什么作用?

你知道溴是一种什么元素吗?它可是所有非金属元素中唯一在常温下表现为液体状态的元素。目前全世界利用的溴80%是从海水中提取的。

溴是一种褐色的液体,具有刺激性的臭味。它的蒸气对黏膜作用强烈,能引起流泪、咳嗽、头晕、头痛和鼻出血,浓度高的还会引起窒息、支气管炎。别看溴对人有这么多坏处,它却广泛用于医药,工农业和国防等各个方面。在医药上,溴的化合物被用做镇静药物,它通过加强大脑皮层的抑制过程而发挥镇静作用;大家常用的红药水就是溴和汞的一种化合物,一些抗菌素的生产也都需要溴。在农业上,溴也有自己的用武之地,它是用来制造熏蒸剂和杀虫剂的重要原料,以消灭害虫。在工业上,溴大量用来制作燃料的抗爆剂、感光材料等;溴还用来消毒饮用水和精炼石油。可见,溴与人们的健康、工农业生产、国防建设等都有密切关系。随着现代工农业发展规模的不断扩大,溴的社会需求量还将不断扩大。

175. 为什么溴被称为"海洋元素"?

提到海洋元素,大家可能会认为,在海洋中存在的化学元素都应该是海洋元素。其实不是,一般我们提到海洋元素,指的仅仅是溴元素。那么,在海水中溶解有80多种元素,为什么只有溴被称为"海洋元素"呢?这是由于溴在海水中的浓度比较高,其平均浓度为每升海水含有67毫克溴,在海水所溶解的元素中列第九位。更主要的是海水中溴的总含量大得惊人,约有95万亿吨,这个数值占地球上溴元素总量的99%,也就是说整个地球上的溴有99%是溶解在海水中,陆地可开发的溴资源极少。可以说,海洋才是溴元素的"老家",这就是溴被称为海洋元素的原因。

176. 怎样从海水中提取溴?

浩瀚的海水是溴取之不尽、用之不竭的宝库,那么,怎样从海水中提取溴呢?这个问题早在19世纪30年代就引起了科学家们的极大兴趣。到目前为止,从海水中提取溴主要采取两种方法,这就是空气吹出法和吸着法。

让我们先来看一下空气吹出法。首先是用工业上最常用的硫酸将海水酸化,然后用氯气作为氧化剂,在氧化塔里与海水充分接触,将海水中的溴离子氧化成游离的溴分子,然后用鼓风机鼓入大量空气,使空气夹带溴分子一起吹出;再将吹出的溴分子用一定浓度的碱液吸收,最

科学家在进行海水物质提取研究

后,用加热蒸馏法将溴分离出来,就得到了成品溴了。第二种方法是吸着法。它是用吸着剂直接从天然海水中吸取溴,然后再淋洗下来加以回收。这种方法的优点是不需要酸化,耗电少,不受温度影响,但使用吸着剂的量较

大，因而成本较高。

目前，仅用这两种方法从海水中提取的溴就占全世界溴总产量的70％以上。人们在生产的同时，还在探索新的从海水中提取溴的方法，争取以越来越低的成本提取越来越多的溴。

177. 海洋中溴元素是如何被发现的？

我们已经知道，溴是一种重要的化工原料，在国民经济中意义重大，可你知道海水中的溴是怎么被发现的吗？

提起溴的发现，还有一段很有趣的故事呢。1824年，一位年轻的法国人叫波拉德，他在进行提取碘元素的实验过程中，发现在提取碘的母液剩余液底部，总有一层深褐色的液体存在。后来经过反复实验，他排除了各种假设，

最后证明这种液体是一种新的元素。1826年，他在法国《理化会志》上发表了论文《海藻中的新元素》，正式宣布了溴的发现。这一重大发现轰动了法国化学界。当时，波拉德只有23岁，是一个大学化学系里默默无闻的年轻助手。100多年来，波拉德发现溴的故事，不断地被人们传颂，它已成为一种精神财富，鼓舞着人们在科学的

道路上,严肃地、一丝不苟地去进行新的探索。

178. 谁与溴元素的重大发现失之交臂?

海水中的溴真的是法国化学家波拉德最先发现的吗?确实不错。但是,有一个人在波拉德以前几年就做过同样的实验,也发现过一种深褐色的液体(溴),并感到十分惊奇。可惜的是,他没有进一步作详细深入的研究,与一项本该属于自己的重大发现失之交臂,他就是德国化学家利比息。大家在为波拉德庆贺的时候,也为利比息感到惋惜。世界上的事物就是这样,要想成就一项事业,必须付出大量的心血和努力,并持之以恒,特别是当出现令人惊奇的现象时,更要有穷追不舍的精神,再努力一步,可能就到达成功的彼岸了。

179. 溴的提取方法是由谁发明的?

既然发现了溴这个元素,就要设法把它从它所在的环境中提取出来。发明溴的提取方法的人也是波拉德,波拉德用氯处理海水苦卤后,通过进一步蒸馏而得到溴。今天制溴工业的基本方法,仍然是当初他采用的。早在1840年,溴被用于照相技术,海水提溴就急剧发展起来。美国人在海水提溴方面作出了巨大贡献。在1889年,美国人就提出了采用空气吹出法提溴的新工艺,1931年,他们加强了这种提溴方法的研究,1933年,建立了日产7吨的工厂。当然,对溴提取方法的研究和大规模生产,也大大促进了美国经济的发展。而我国作为进口溴的国家之一,更应该大力发展海水提溴工业,争取早日摘掉依靠别人的帽子。

180. 溴的世界生产规模有多大？

溴的全世界用量从1920年的500吨,发展到1930年就达到了5000吨,社会用量的增加促进了海水提溴工业的迅速发展。今天世界上约80%的溴都是由海洋沿岸的海水提溴工厂生产的。在美、英、法、日、印、加等国家每年都从海水中提取10万吨以上的溴。其中以美国的提溴工厂产量最大,约占世界总产量的三分之二。

181. 我国海水提溴的生产状况如何？

与其他国家相比,我国的提溴工业开始较晚。我国于1968年取得了用空气吹出法从海水中直接提溴实验的成功,之后在青岛、连云港、广西北海盐场已经相继建立了年产百吨级的溴提取生产厂。但是,作为一个溴的需求大国,我国的溴产量却远远不能满足需要。2005年,我国溴素总产量约为13万吨,而美国近几年溴素产量一直保持年产30万吨左右。由于我国的提溴原料主要是依靠制盐工业的副产物,所以原料来源有限,溴产量的提高受到很大限制,远远不能满足国民经济发展需要,不得不从国外进口。为了改变这一状况,我国科学家们正在努力,争取早日实现溴素的大规模生产。

182. 碘对人类有什么作用？

碘是大家熟悉的一种化学元素,它就是我们日常生活中食用的加碘盐中的碘。碘是我们的好朋友。首先,碘具有强大的杀菌作用,可配制成含碘的酒精溶液,作消毒使用。市场上销售的华素片、碘喉片,都是以碘为主要

原料制成的片剂,可以用来治疗咽炎、喉炎、口腔炎症、甲

亢等症状。用碘配制的注射液,可协助医生进行疾病的诊断。碘不仅仅应用于医药、化学药品等方面,而且在某些尖端科学技术方面,如人工降雨、火箭燃料、冶金工业、高效农药以及射线的探测和研究等方面,都离不开碘。总之,碘在国民经济中的地位已日趋重要。

183. 我国政府是怎样重视海藻提碘工作的?

我国是缺碘国家,在1970年以前,国内医疗和军工配套所用的化工原料主要靠进口。为了缓解国内碘的缺乏问题,在1969年10月25日,国务院安排原化学工业部在北京召开了全国碘的生产和规划会议。这次会议与会代表有化工部、地质部、石油部等10个部委和沿海、内陆10多个省市以及中国科学院下属10多个研究机构的负

责人参加。在这次会议上明确提出了要迅速推广海藻提碘科研成果的应用,以尽快改变我国的缺碘现象。

184. 碘的"家"在哪里?

既然碘对我们人类如此重要,人们在哪里能找到它,并提取它,也就是它的"家"在哪儿呢?在自然界中,碘主要存在于海水、碘矿、地下卤水和油田卤水中,某些海藻还可以从周围环境中富集碘。自然界中碘矿的数量却很少,地下卤水中有一定的含碘量,但与海水比起来还是很少。油田卤水中含碘量和地下卤水的情况大致相同。由于碘矿和海藻资源的限制,从地下卤水和油田卤水中提取碘的研究,从20世纪20年代起,已有许多国家进行了这方面的工作。但到目前为止,人们所需的碘还是主要依赖于从海洋中提取。

185. 谁发现了海水中的碘元素?

大家已经知道海水中的碘对我们具有非常重要的作用,可你知道碘元素是被谁发现的吗?它是1813年法国的别尔恩加尔特·库尔特瓦从海草灰中发现的。谈到库尔特瓦发现碘,还有一个曲折而有趣的故事呢。当时,法国的诺曼底和布列塔尼沿岸一带,生长着许多海草,它们在海浪的冲击下,脱离开海底,漂到岸边,引起了库尔特瓦的兴趣。他觉得这些海草扔了很可惜,就把海草收集起来,晒干后烧成灰,再用水浸泡,制得了一种溶液。他把这种溶液称为海藻苏打汤。他将溶液加热蒸发,便得到了主要成分是钠和钾的盐类的沉淀物。作为一个化学研究者,库尔特瓦感到迷惑不解,剩下来的溶液中还有些

海洋化学

库尔特瓦画像

什么物质呢？能否加以利用呢？为了搞清这个问题，他夜以继日地工作，终于在1811年的某一天，他发现了一种奇特的现象：一股带有紫色的蒸气所组成的美丽的花朵从反应器里冉冉上升，同时一股难闻的气味充满了整个实验室。更令人奇怪的是，这些蒸气受冷凝结后，并没有生成液体，而是直接变成了一片暗黑色的结晶体，其光泽竟同金属十分相似。这是什么东西呢？库尔特瓦没有轻易放过这个奇怪的现象，他仔细地观察着，小心地取下这些结晶体，把它与氧、氢、碳等元素进行各种试验，最后，他认为这种晶体很可能是一种新的元素。他很想对此进行彻底的研究，但由于经济上的困难和实验设备的缺乏，他的实验中止了。他委托他的朋友德所美和克雷门两人继续研究，并允许他们向科学界宣布他们的发现。这两人又经过两年的试验，对这种新物质的各种特性进行了严格的验证，并提炼了这种新物质。1813年，他们两人正式向科学界宣布了碘的发现。但在当时，这一新元素的发现并没有引起科学界的重视。直到后来，由于当时一些著名的化学家相继独立地提出了碘元素存在的证据，同时碘也得到了广泛的应用，这才引起了人们的重视。就这样，库尔特瓦发现碘的故事被人们广泛传诵，同时，作为碘的发现者，库尔特瓦也被永远记录在史册上。

186. 谁是"采碘能手"?

海水中碘的浓度很低,每立方米海水仅含有0.06克。如果直接从海水中提出碘来,那难度可就大了。但是,人的智慧就在于此,不能直接提取,还可以想出迂回的办法来。人们在对海洋中海藻植物研究时,就发现了

它具有吸收碘的特殊功能,其中,海带就是著名的"采碘能手"。它能将海水中的碘富集于体内,含量可以高达0.5%左右,比海水中碘浓度高出十万倍。这个数量对人类是个多么大的诱惑呀。所以,从19世纪开始,海藻就

已经被作为海水提碘的基本原料了。同学们,多吃些海带是很有好处的,因为它可以为你补充体内必须的碘,如果缺了碘,是很容易得大脖子病的。而经常有"采碘能手"做伴,我们就不愁体内缺碘了。

187. 怎样从海水中提取碘?

从海水中提碘,当前较为普遍的还是以海藻为主要原料。海水中的某些海藻,如海带、昆布和马尾藻等,对碘有较强的富集能力,可以通过将海藻灰化后加入化学试剂或直接加入化学试剂,将碘溶解在溶剂中再提取出来。但是,由于海藻资源有限,我国生产的碘还是不能满足国家对碘的需要,开辟出新的获取碘方法正在研究当中。比如:科学家们已尝试过许多不同的直接从海水中提取碘的方法,这些方法有:离子交换法、特种吸附剂吸附法、电解法等。总体来看,目前尚未见有切实可行的海水提碘的方法。我国在这方面已经进行了许多研究,例如,开展新型吸着剂的筛选和研制工作,工艺流程的改进工作等。我们相信,经过科学家们的不懈努力,从海水中直接提碘的工业规模生产也将指日可待。

188. 我国科学家对海水提碘的贡献如何?

海藻里含有相当丰富的碘,但海藻的数量是有限的,人类对碘的大量需要仅依赖海藻提取是不够的。若能直接从海水中提出碘来,那才是根本的解决碘资源不足的办法。科学家们在这方面的研究已取得了可喜的成果。如用离子交换法、吸附剂吸附法、电解法等都是可以使用的直接提取的办法。我国中国海洋大学的科技工作者研制的 JA-2 号吸附剂提取技术,在天然海水中吸附碘的能力为海带的 4 倍,吸附时间与成熟期海带相比缩短了 20 倍。此方法与国外生产碘的方法比,不仅效果好,而且操作方便,工艺也简单。这对实现海水提碘的工业化是有重要意义的。

189. 金属镁对人类有什么用途?

镁是一种很轻的金属,银白色,外观像磨光的铁。由于它质量较轻,用它制造成的镁铝合金在国防、工业上有十分重要的用途。镁合金可以制造飞机、快艇,镁可以制成照明弹、镁光灯,还可以作为火箭的燃料。农业上还用它作为肥料的一种。镁的化合物氧化镁,是一种很特殊的耐火材料,能耐 2000℃ 以上的高温呢!就连制作豆腐所用的卤水,它的主要成分还是氯化镁。总之,镁和它的化合物在国防和工农业生产中用途十分广泛,是不可缺少的一种物质。

190. 为什么要从海水中提取镁砂?

陆地上有较丰富的天然菱镁矿,可以用它烧制工农业所需的镁,为什么偏要从海水中提取它呢?原来,随着世界钢铁工业的发展,对镁砂质量要求也越来越高,陆地镁砂的纯度已不能满足现代炼钢工业的特殊需要了,于是,人们就把目标转向了海洋。从海水提取的镁砂纯度高,完全可以满足现代冶金工业的需要,所以,海水提取镁砂已成为世界海水化学资源提取的热点之一。

191. 怎样从海水中提取镁？

不论是从海水中提取纯的金属镁，还是提取镁与其他元素形成的化合物，都是采用先沉淀后溶解的方法。由于海水并不是纯的镁盐溶液，所以提取镁的过程还是比较复杂的。在海水提镁工艺中，总是先在海水中加入适量的碱，再将加碱以后得到的沉淀进行处理提纯，就可得到氢氧化镁化合物，再进一步煅烧就可以得到耐火材料氧化镁了。如果要制造金属镁，就要向沉淀中加入盐酸，使镁形成氯化物，然后利用电解方法，就可以得到金属镁和氯气，其中的氯气还可以用来制造盐酸，在提镁过程中，循环使用，经过这样一个过程，金属镁和它的化合物就被提取出来了。根据不同需要，还可以从提取镁的不同阶段提取不同的成品，不但能降低成本，还可以提高镁产品的纯度呢。

192. 海水镁砂的纯度有多高？

海水中镁砂的总含量仅次于氯和钠，居于海水中化学元素的第三位，800吨海水中就含有1吨镁。因为世界炼钢工业所需的优质镁砂，均要求杂质含量在2％～4％以下，而海水提取的镁砂早在20世纪60年代纯度就达到99.7％。所以，当前世界上许多国家，如美国、俄罗斯、日本镁产量的45％以上都是从海水中提取的。

193. 谁最先从海水中提取镁砂？

要想追寻最早从海水中提取镁砂的历史，这可能要数几个发达国家中陆地上没有天然镁砂的国家了。最早从海水中提取镁砂是在1885年，当时在工业上已经十分发达的法国，由于没有天然镁砂，就在南部海岸建起了世界上第一座海水提镁厂，利用地中海的海水提取镁砂，虽

海水物质成分分析

然因为工艺设备不过关,很快就停产了,但法国仍然是世界上从海水中提取镁的最先开拓者。

194. 最早从海水中提取镁砂的国家是哪一个?

老牌帝国主义国家英国,为了保持它工业和军事上的优势,必须实现钢铁技术和产品质量的领先地位。但苦于它也没有陆地天然镁砂,只好下海寻镁,而且率先解决了海水提镁生产的工艺设备问题。它于1938年8月,取得工业化海水提镁实验成功,建起了年产10000吨的海水镁砂厂。在第二次世界大战后,随着钢铁工业的发展,英国多次扩建该厂,到1978年,年产量已达到25万吨,在20世纪60年代以前,该厂一直是世界上海水提镁最大的工厂。

195. 镁的产量与战争有什么关系?

早在"二战"时期,制造一架飞机就需0.5吨的镁,除此之外,作战时用的照明弹,它的主要成分也是镁。在第二次世界大战以前,全世界镁的产量只有2万吨,而战争期间镁的年生产量超过了20万吨,战后镁的产量又回落到3万吨左右。在20世纪50年代朝鲜战争期间,镁的年产量又增至17万吨,停战后又明显减少。可见,镁在战争中扮演的角色有多么重要了。

196. 世界上最大的海水镁砂生产厂建在哪里?

目前世界上最大的海水镁砂生产厂家是日本的宇部化学公司,它的年生产量达到45万吨。该公司于1949年开始生产海水镁砂。日本的第二大生产海水镁砂企业是新日本化学工业公司,它年生产高纯镁的能力达20万吨,加上其他提镁工厂,日本生产海水镁砂的能力达到年产70万吨,位居世界第二位。

197. 海水提镁的世界产量有多少?

在当今世界上除了美国、日本和英国三个主要生产海水镁砂的国家以外,还有十几个国家也在生产海水镁砂。到了20世纪90年代初,世界海水镁砂的年产量已经达到了270万吨。由此可见,提镁工业的发展速度有多快。

198. 我国海水提镁现状如何?

我国是陆地天然镁资源丰富的国家之一,镁和镁的化合物的来源主要靠陆地解决,辽宁省大石桥市就是我国著名的镁矿城,是鞍钢的耐火材料生产基地。目前,我国只是根据特殊需要每年利用制盐后的卤水生产一些氯化镁,在1983年时,年生产量是22万吨。近年来,我国对海水提镁的开发,也进行了一些研究和试生产,已经取得了可喜的成绩。

199. 钾对人类有什么用途?

纯净的钾是银白色的晶体,如果你把一小块钾放在水里,你会发现它会起火,并发生轻微的爆炸声,火焰还是紫色的,而钾在迅速的燃烧后却消失了,这就是奇特的金属钾。钾是一种应用广泛的金属,在有机物的合成中用钾做还原剂,也用于制造光电管。氯化钾为植物生长所需的重要肥料,它能促进农作物茎秆的生长,也能促进作物开花结实,增强抗旱、抗寒、抗病虫害等的能力。钾在工业方面可用于制造钾玻璃,比钠玻璃难于熔化,不易受化学药品的腐蚀,常用于制造化学仪器和装饰品等。如此看来,钾元素对我们人类的帮助真是太大了。

200. 海水中存在多少钾元素?

我们要从海水中提取钾元素,以满足人类社会对钾的全面需要。那么,海水中钾元素的存量到底有多少呢?在含钾的天然资源中,储量最大的就是海水,虽然每升海水中含钾量仅为0.38毫克,但整个海水中钾的总量却高达500万亿吨,远远超过陆地上钾石岩等矿物的储量。

201. 怎样从海水中提取钾?

既然从海水中提取钾具有重要的意义,那么,怎样从海水中把钾提取出来呢?下面让我们来展示几种海水提钾的有效方法。①蒸发结晶法：它是在制盐后剩下的浓盐水中再提出钾。死海的岸边有一家公司用此法每年从海水中提取的钾达到120万吨。②化学沉淀法：此法是使海水中钾离子与加入的沉淀剂生成沉淀后，使钾从海水中解离出来，进而人们再从沉淀物中分离出钾。③溶剂萃取法：它是利用一种不溶于水的有机溶剂与海水接触，将钾浓缩到溶剂中达到与海水分离的目的，再分离出钾。④离子交换法：它是利用离子交换剂与海水中钾离子发生交换反应，将钾吸附到交换剂上，然后再洗脱出来而得到钾盐。以上几种方法在实际生产中都各有利弊，根据实际情况各取所长。如此看来，从海水中提取钾的方法已经比较成熟，只要条件允许，就可以从海水中提取出足够的钾，使人们彻底解决缺钾之忧了。

202. 为什么要跟海洋要钾？

　　人类对钾的利用可以追溯到古老的年代，当时钾的主要来源是草木灰。目前，陆地上的钾主要存在于钾石岩砂中。但是令人遗憾的是陆地钾石盐砂分布极不均匀，只有加拿大、俄罗斯两个国家矿产丰富，仅它们就占有了世界陆地钾储量的90％，因此，其他国家不得不把寻钾的目光投向海洋。海洋是一个真正的大宝库，海水中钾的储量远远超过陆地储量，是陆地上钾储量的一万多倍呢！因而，有人把海洋称为"钾肥的大仓库"，特别是那些陆地缺少钾资源的国家，把眼光投入海洋，从海洋中提取钾才是"早投入，早得益"之举。

203. 哪个国家最早从事海洋提钾研究？

从海水中提取钾开始于 20 世纪 20 年代，率先开展海水提钾研究工作的是英国。由于从海水提钾时受其他物质干扰比较大，给提取工作带来很大难度，而且提取成本也很高，因此，这种方法无法与陆地上的钾石岩竞争。但是作为陆地缺少的一种物质，想办法从海水中提取也是必由之路，所以人们陆续进行了海水提钾的研究，才有了今天的成果。

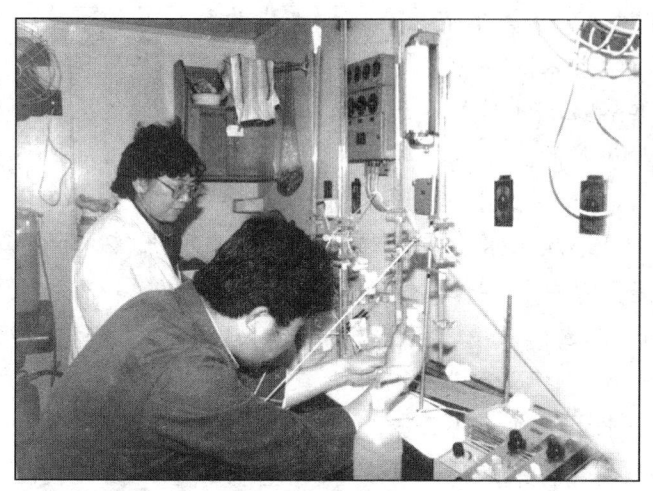

海洋化学工作者在实验室工作

204. 我国为什么要重视海水提钾？

我国属于缺钾国家之一，钾肥年生产量仅为 10 万吨左右。仅从农业用钾肥来说，按生产 1000 千克稻谷需要钾肥 25 千克计算，我国钾肥年需求量约为 300 万吨，而我国至今未发现大储量的可溶性钾矿。现在，主要从制盐后的苦卤中提取钾盐。由于苦卤来源也有限,若将每年生产的苦卤全部收集起来,也远远不能满足需要。我国有18000千米长的海岸线,如果能够从海水中直接提取钾,不仅为钾盐生产开辟出一条新途径,而且对我国的钾工业具有重要的意义。因此,开发海水中丰富的钾资源对我国未来的农业发展具有重要作用。

205.传统提钾的方法是什么?

由于人们在很早以前就知道了钾元素对庄稼的重要作用,所以从海水中提取钾便也成为科技界的重要研究目标。开采陆地钾盐是从德国的斯塔斯富特发现无机钾盐和岩盐矿开始的。用于农业肥料的氯化钾是1861年开始生产的。1904年法国发现了阿尔萨斯矿(陆地钾盐矿),1914年法国和德国都制定了程序,从钾石岩矿中提取钾。而从海水中提取钾则开始于20世纪20年代,英国是最早进行海水提钾的国家。但由于海水中含钾浓度太低,加之海水中其他离子的干扰,从海水中分离出钾的难度很大,早期的提取方法也存在很大的弊端。近年来,从海水中提钾的研究速度已有了很大的进展,我们相信在不久的将来从海水中提取钾是能够以工业规模生产的。

206.泡沸石有什么妙用?

近四五十年来,人类在从海水提取钾的研究方面取得了不少的成果。这些成果中有一种还特别巧妙有趣。

自然界有一种石头,将它放在海水中,它能迅速地吸附小个的分子,而几乎不吸附大个分子。在海水中,钾、

钠、钙、镁等这些离子中,钾的个头最小,这种石头就偏偏有选择的把钾吸附进去,这种石头就叫泡沸石。原来,泡沸石在海水中对钾的偏爱主要是因为它本身有大小不同的空隙,各个空隙间又由一些孔径的通道连接,孔径的大小决定了哪些分子或离子可以通过,通过的就被它吸附了,而没通过的就被它排斥在外。钾的个头最小,当然是泡沸石的首选目标了。泡沸石这种"特异功能"的发现,使得人们从海水中提取钾就容易多了。

207. 你知道铀的用途有多大？

大家都知道,原子弹的杀伤力和破坏力是相当巨大的,那么它里面装的是什么"炸药"？是铀。核潜艇可以连续在水下绕地球航行两三个月,它靠的是什么力量？是铀。功率巨大的核发电站,日夜不停地为社会提供电能,它用什么做燃料呢？还是铀。铀是现代工业、国防及国民经济中最有价值的核能元素,人类发现并使用了它,是20世纪科学技术的最伟大成就之一。

208. 你知道铀的能量有多大？

铀的能量是通过核裂变后释放出来的,它释放的能量在目前所用的所有燃料中没有任何一种可与之相比。如果它的能量与大家熟知的煤比较,1千克铀的能量相当于2500吨的优质煤燃烧释放的能量,也相当于20多万人一天的劳动量。核能作为新型能源,目前在技术上已日臻完善。世界上已有数百个核电站在运转,核能正步入国际常规能源之列。

209. 世界什么时候进入核电兴旺发展期？

人类发现了核技术是对社会发展的重大贡献,可不是用来毁灭自己的。可是,自从1945年广岛、长崎两颗原子弹爆炸后,核能却被超级大国用来炫耀武力、扩大势力范围、实行强权政治的筹码。你爆一颗原子弹,我爆一颗氢弹;你在空中爆炸,我在地下爆炸;你放一个弹头的,我一次爆出多个弹头的。这种利用人类文明技术进行自我残杀式的试验已几十年了,直到20世纪60年代以后,和平利用核能才得到发展,特别是20世纪70年代,世界已进入了核电兴旺发展期。到2006年,世界上运行的发电核反应堆总数就达到435座。其中,美国最多为103座,法国59座,日本55座,俄罗斯31座。

我国秦山核电站

210. 世界上主要铀矿资源在哪几个国家？

尽管铀已经成为现代国防和工农业中不可缺少的重要原料，但是，上苍就是那么不公平，铀矿只分布在世界的少数几个国家和地区。它们主要是俄罗斯、美国、加拿大、澳大利亚、南非和中国。这些国家陆地上有开采价值的铀矿储量总共也只有100万吨左右。没有铀矿的国家又怎样能得到铀呢？要么靠进口，要么从海水中提取铀，这要根据国家所处的地理位置、经济实力和科技水平决定。

211. 一吨铀的价值有多高？

物以稀为贵，这是常理。在各个领域都开始开发利用核能的今天，铀的"身价"哪有不变高之理，1985年时国际铀价还只是1吨约4万美元，后来，最高时已达到1吨铀10万美元了。当然，如果将这些铀充分利用起来，它所创造的价值比它本身要高出几十甚至上千倍，所以，按经济学中的投入产出比来衡量，如此高的铀价还是可以接受的。

212. 为什么要从海水里提取铀？

大家知道，随着社会的发展和技术的进步，对铀的需求量也会越来越大，然而陆地上铀的贮量是有限的。而在海水里，虽然铀的浓度不高，每升海水只有约3.3微克铀，但因海洋无比巨大，其总量还是相当可观的，达45亿吨，相当于陆地上总贮量的4500倍。所以世界上许多国家，特别是缺乏铀的国家如日本、英国和德国等，都想方设法从海水中提铀。相信随着科学技术的发展,从海水中提取铀的数量将能够满足人类社会各方面发展的需要。

213. 怎样从海水中提取铀？

铀是建设核电站和制造核武器必不可少的原料,可是海水中铀的含量很低,要想把铀从含盐量很高的海水中提取出来,可不是一件容易的事情。但是人类在海水化学资源的利用中,还是找到了不少海水提铀的办法,主要有以下几种:第一种是吸附法,就是用对铀有特殊吸附性的一些物质,将海水中的铀吸附到吸附剂身上,然后将铀通过特殊的方法洗下来,这样可以达到浓缩提取的目的;第二种是生物富集法,因为海洋中有一些生物,特别是藻类,具有富集铀的能力。德国科学家培育了一种特殊的海藻,经X射线处理后,海藻富集铀的浓度比天然海

海水提铀研究现场

水高4000多倍,这样,将吸收了铀的海藻再用燃烧或发酵的方法可以把铀提取出来。还有一种为泡沫分离法,就是往海水中添加一定量的可以捕集铀的物质(例如氢氧化铁),再加入一定量的表面活性剂,然后,往海水中鼓入空气,此时,就会产生很多泡沫漂浮到水面上,捕获了铀的捕集剂就会随着泡沫一同漂浮上来。另外,还有一些可以从海水中将铀提取出来的方法,例如:溶剂萃取法、泵柱法、潮汐法、海流法和淤浆法,等等。

214. 哪个国家海水提铀技术最先进?

自20世纪60年代以来,继英国之后,法国、德国、意大利、瑞典、日本、美国、俄罗斯和我国等都开始进行海水提铀的研究工作,从研究的总体水平看,日本的水平是最高的。虽然日本的海水提铀工作起步较晚(1960年),但进展速度很快,已超过其他国家,走出了实验室,进入了生产阶段。日本的发展目标是每年从海水中提取足以满足生产所需的铀。

215. 我国海水提铀状况如何?

我国是利用核能较早的国家,但对于海水提铀的研究却起步较晚,我国于1967年开始研究海水提铀,目前已经取得了可喜的成果。其中,国家海洋局第三海洋研究所研制的钛型吸附剂,每克可以从海水中吸附铀0.65毫克,有机离子交换树脂吸附剂每克可以稳定地吸附铀1毫克以上。华东师范大学海洋资源化学研究所研制的海水提铀设备和研究方法已达到世界先进水平,中国海洋大学海洋化学的专家们在这方面也取得了许多研究成果。在21世纪,随着吸附剂的研制和改进,以及工程设备的进一步完善,相信我国的海水提铀工作定会赶超世界先进水平,实现海水提铀的工业化生产。

216. 海水提取铀的最佳方法是什么?

从以前的科学技术水平来看,最佳的选择莫过于离子交换方法,也称作吸附法。这种方法是采用一种专门吸附铀的特别物质先将铀吸附住,然后用一种溶液将铀洗下来,这就得到了铀的浓缩液体,最后从浓缩液中把铀提炼出来,就得到人们需要的燃料铀了。这种方法既简单又节省能源,是最有希望的一种海水提铀方法。

217. 谁是世界上对海水提铀研究最早的国家?

对海水中铀的研究,可以追溯到1935年,当时人们测定出海水里铀的含量,但没有进行采集。英国是一个缺铀的国家,也是从事海水提铀研究最早的国家。在20世纪40年代末,英国就开始考虑海水提铀的可能性。1952年,英国特丁顿化学研究试验所的一个研究组,开始探讨用离子交换树脂从海水和其他天然水中提铀,但一直没有效果。直到1964年,由英国哈威尔研究所提出了报告,认为采用吸附法,可以从海水中提取铀,以后又进行了多年的研究。尽管英国的海水提铀不像日本那样已形成了生产规模,但它确是名副其实的海水提铀研究"第一国"。

218. 谁是第一个开发海水提铀的国家?

日本是世界上第一个开发海水铀的国家。尽管它着手研究从海水中提铀并不早(1960年),但它研究和开发的速度却十分惊人。1971年,日本试验成功了一种新的吸附剂,这种新型吸附剂1克可以得到1毫克铀,用它从海水中提取铀远比从一般矿石中提炼铀的成本要低得多。所以,日本于1986年4月在香川县建成了年产10千克铀的海水提铀厂,成为世界上第一个建造海水提铀工厂的国家。

219. 什么是重水?

重水就是由重氢和氧所组成的水。水还有轻重之分吗?有的。我们平时所用的水,其实是由不同重量的多种水组成。下面让我们从水分子的结构谈起。水分子都是由两个氢原子和一个氧原子构成的,其中,绝大多数氢原子的原子量是1,氧的原子量是16,所以一个水分子的分子量就是18,然而,氢原子还有另外两种不同的同位素——氘(音:刀)和氚(音:川),它们的原子量分别为2和3。其中氘又被称为重氢,当然,重氢与氧所组成的水也就叫重水了。你看,重水的分子量比一般的水多2,所以它的重量确实比水重。

220. 重水的能量有多大?

海洋是重水资源的天然宝库。海洋科学家们分析确定,海水中共有重水200万亿吨。重水是一种巨大的能源,可做原子能反应堆的减速剂和传热物质,也是制造氢弹的原料,由氢的核聚变反应可以释放出巨大的能量。

据科学家计算，1千克重水中的重氢燃料，通过核聚变反应释放出的能量，至少相当于4千克铀，或1万吨优质燃烧煤所释放的能量。可以想象，如果海水中的重水全部被人类开发利用起来，这种能量可是千秋万代也用不尽的。

221. 重水的未来开发价值有多大？

既然重水有这么大的能量，那它对我们的未来会产生怎样的影响呢？科学家预言，目前正在致力研究的超高温核聚变炉芯问题一旦解决，海水中的氘便成为可以直接利用的燃料，人类的能源之忧就可以迎刃而解了。由于直接利用技术方面的原因，目前世界上开采重水的规模并不大，相信在不远的将来，人们对重水的开发和利用是会有新的突破的。

室内化学实验

222. 怎样生产重水？

从海水中提取重水的方法主要有蒸馏法、电解法、化学交换法和吸附法。其中最早采用的是蒸馏法，其原理是根据水与重水是在不同的温度下沸腾而建立起来的。美国第一个重水生产工厂所采用的就是这个方法。目前世界上多采用较经济的化学方法来生产重水（如硫化氢—水双温交换法）。1970年美国在哥拉斯湾建立的一个年产200吨重水的工厂，所用的就是这种方法。

223. 谁建立了世界上第一座重水工厂？

据著名未来学家的预测：地球上尚未开采的原油储藏可供开采的时间不超过95年。在公元2050年到来之前，世界经济的发展将越来越多地依赖煤炭。以后在公元2250年到2500年间，煤炭也将消耗殆尽，矿物燃料供应枯竭。到那时，海洋表层10英尺的海水中含有充足的重水就是人类首选的燃料之一了。而美国人捷足先登,已于1970年在哥拉斯湾建立了世界第一个年产200吨重水的工厂。尽管由于严重的腐蚀原因,最后被迫停产。但是,这一事实足以证明,人类真正利用海水中重水的日子已经不那么遥远了。

224. 什么是芒硝?

芒硝是一种化学物质,属于盐类的化合物,它的化学名称是硫酸钠。芒硝是造纸、玻璃制造和制革工业必不可少的材料之一,同时它还是制造染料、药物和合成纤维的重要原料。

225. 怎样从海水中提取芒硝?

人们从海洋中提取芒硝,一般情况下采用的是冷冻法。在入冬前将晒盐后的卤水灌入池子里,在冬季的低温下,硫酸钠的晶体就会自然析出。另外,在用苦卤生产氯化钾的过程中,也能够提取大量的氯化钠和硫酸镁,冷却到零下10℃左右,就可以得到芒硝了。

226. 海洋中黄金含量有多大?

黄金是一种赤黄色的贵重金属,它的化学性质相当稳定,一般不与别的物质发生反应。黄金在温度高达1063℃时才会熔化,故有"真金不怕火炼"之说。它质地柔软,延展性大,可拉成头发般的细丝,可碾成纸一样的薄片,可做成光彩夺目、精美异常的装饰品。而且,黄金在商品交换中所处的地位也很特殊。虽然海水中有500万吨黄金,但每千克海水中所含的黄金量仅为4毫克,如海洋化学

此低的含量使最早进行这方面研究的德国化学家弗里茨·哈白最终放弃了自己的试验。虽然如此,人们还是在不断地探索着,争取使海水中的黄金早日浮出水面。

227. 大海淘金能否成真?

浩瀚的海洋中含有丰富的黄金资源,但要提取它却是可望而不可即的。因为要从海水中得到1千克黄金,需要处理2亿吨的海水,生产费用大大超过所得黄金的价值。那么,海水中的黄金就不能提取了吗?不是的。科学家们通过对海藻的化验分析得知,海藻内的含金量竟然超过海

水中含金量的1400倍。有专家提出了这样的设想:先开辟出海底农场,大批种植海藻,当海藻长成,含金量饱满时,再收集加工海藻,然后工厂化提取黄金,肯定利润十分丰富。当然,从海藻提取黄金的技术问题还有待进一步研究解决,估计不需要多久,新兴海洋淘金业就会出现了。

228. 什么是"可燃冰"?

冰可以燃烧?大家肯定觉得奇怪,而"可燃冰"确实

是存在的。可燃冰的学名叫作天然气水合物,是由水和天然气组成的一种海底新矿藏。这种可燃冰的外表同冰很相似,是一种白色固态结晶物质,它具有多种结构,是一种非化学计量的笼形物,也就是说,它的分子外形像灯笼一样,具有很强的吸附气体的能力,当然,吸附的可燃气体多了,这种冰便可以燃烧了。在这种"冰"所含有的气体中,甲烷气体占多数,约为90％,其余还有乙烷、乙炔等易燃气体。可燃气体分子处于紧密的压缩状态,变成了固态。由于这种固态气体可以作为燃料,所以就称之为"可燃冰"。

229. 可燃冰是怎样形成的?

可燃冰这种天然气水合物,它的形成原理在科学界还存在争议。一般的观点是:可燃冰是甲烷在特定的高寒、高压条件下,结晶到由水分子构成的结晶体中形成的。一般的天然气是海里的生物在地下经过若干的地质年代生成的,而固态天然气矿则是一种不是由生物作用形成的天然气。它很可能是在45亿年前,地球形成之初,保存在水圈中的游离甲烷在适宜的条件下,气和水结合而形成的固态气体矿。它的形成条件必须是在海底500米~1000米以下的岩石层中。

230. 可燃冰是如何被发现的?

可燃冰的发现已经有接近200年的历史了。它最早是由英国的福利·戴维于1810年在实验室中发现的。在1888年人工合成出可燃冰之后,人们对它的研究便没有中断过。在1934年,美国一家天然气开发公司在北极区进行天然气开采时发现导管常常被一种冰球堵塞,有趣的是,这些冰球可以用火柴点燃,后来,在1972年,在美国的阿拉斯加获得了被世界上首次确认的可燃冰实物。20世纪60年代开始的深海钻探计划和随后的大洋钻探计划在可燃冰的研究和勘察方面都作出了重要的贡献。可以这样说,对可燃冰成功的理论预测,以及对样品的成功检出和测试,被认为是20世纪最重大的发现之一。

231. 我国何时获取了可燃冰?

历时9年,累计投入研发资金5亿元,于2007年5月1日凌晨,我国在南海北部成功钻获天然气水合物的实物样品"可燃冰",从而成为继美国、日本、印度之后第4个通过国家级研发计划采集到水合物实物样品的国家。这次成功获取可燃冰,证实了在我国南海北部海域蕴藏着丰富的天然气水合物资源,也标志着我国天然气水合物调查研究水平步入了世界先进行列。

232. 开采可燃冰有何利弊?

自从在海底发现了可燃冰以后,科学家就对这种海底"冰球"投入了极大的兴趣,这主要有两个原因:第一,可燃冰含有丰富的甲烷化合物,被冰球包裹的甲烷的密集程度相当于正常大气条件下的170倍。甲烷燃烧洁净,燃烧甲烷产生的二氧化碳是燃烧煤所产生的四分之一。如果全球的人们都用它作燃料,温室效应会降低一半以上。第二,科学家们估计:这些化合物是一个巨大的潜在燃料来源,现已发现的可燃冰的储量就已经是世界上查明的煤、石油和常规天然气总和的两倍。这样巨大的资源,谁能不为之动容呢?可是,开采可燃冰也存在一些隐患,例如:这些甲烷化合物,对气候变化可能会起到根本性的影响。甲烷气体如果不经过燃烧直接排放,所产生的温室效应是二氧化碳气体的20倍,可以想象,如果这些可燃冰未经燃烧就释放出来,那将带给人类10倍于二氧化碳所造成的危害。另外,将海底的甲烷开采出来之后,由于沉积岩的破坏,会对海底的工程力学特性产生影响,例如可能会产生海底滑坡,对海底通讯等都会产生影响。当然,事物都具有两面性,我们不能因噎废食,对于可燃冰,如果我们能妥善处理好开采过程中存在的问题,就可以兴利除弊,让它成为我们的好朋友。

233. 可燃冰的储量有多大?

可燃冰普遍存在于世界海洋中,已经探明的储量总和为 2×10^{16} 立方米,相当于 2×10^5 亿吨石油,是陆地上资源总量的100倍以上。其中,美国东海岸的布莱克海台所发现的可燃冰储量就高达100亿吨,够美国开采使用100年。在日本周边海域、南海海槽和鄂霍茨克海发现的可燃冰储量也可供日本使用100年。可以预见,如果世界上的可燃冰都能够开采出来,供人类使用几百年是不成问题的。

234. 中国可燃冰储量知多少?

可燃冰是天然气水合物的俗称,已经是世界公认的21世纪替代能源之一,开发利用潜力巨大。近年来,我国海洋地质调查部门通过连续9年的调查研究,发现南海北部具有良好的可燃冰资源开采利用前景。初步探明,中国南海北部陆坡的可燃冰资源量达185亿吨,相当于南海深水勘探已探明油气地质储备的6倍。

我国目前正面临因经济快速发展而导致的严重能源短缺问题。国内年石油供需缺口为0.8亿～1.3亿吨,天然气500亿～800亿立方米,能源已经成为制约我国国民经济快速发展的"瓶颈"。已经探明的结果显示,我国的可燃冰资源分布范围广、规模大、勘查费用低,具有巨大的经济开发前景,它将成为我国21世纪替代石油、天然气的新型能源。

235. 世界上开采可燃冰的情况如何?

由于可燃冰具有如此大的储量,世界已经把它作为重要的研究内容。特别是近年来,在地球能源日益紧张的情况下,各国更是舍得投入巨资,用于可燃冰的开发研究。目前,美国、加拿大、挪威、英国、俄罗斯、德国和日本等国已经进行了大量的研究和勘察工作。其中,俄罗斯在20世纪70年代便开始了研究,德国在20世纪80年代,印度在20世纪90年代中期都开始了这方面的研究。目前,比较先进的是美国和日本。尤其是日本,正投入大量资金对日本周边海域、南海海槽等开展大量的调查研究工作。

236. 我国对可燃冰的利用技术如何?

2009年6月,我国的"海洋四号"科考船采用最新研制的"气密性孔隙水原位采样系统",在南海中央海盆4000多米的深水水域海底成功获取了孔隙水样品。这标着中国对可燃冰的深海探测技术又取得了新的重大突破。

对海底沉积物孔隙水的原位采集及现场分析,是在深海海域快速、高效探查可燃冰的有效手段。通常情况下,对孔隙水的提取往往采用间接采样的方法,先采集沉积物,之后再在实验室通过压榨、离心和真空过滤抽提等手段进行提取。一般仅在湖泊、浅海等处采用渗透法获取原位孔隙水,而对于在较深海域进行孔隙水的原位提取,一直是困扰国际地球化学家们的难题。

为突破这一技术"瓶颈",我国科研人员研制成功了"气密性孔隙水原位采样系统",由多个高强度抗腐蚀金属材料气密容器纵向排列,通过水下计算机实现对孔隙水采样的全自动监控和采集。该系统最大工作水深超过4000米,沉积物采样深度大于5米,可同时采集11个层位的孔隙水,系统仅在海底停留5分钟,每个层位采水量皆超过100毫升,可实现在短时间内同时获取多层位、气密性、无污染的原位孔隙水。有该系统作为依托,相信我国进一步开展可燃冰调查和开采已指日可待。

237. 怎样开采可燃冰?

由于可燃冰被海水覆盖,而且上面又有沉积岩存在,因而开采方法也不同于一般天然气。在开采过程中通常是先利用钻孔取样技术进行勘探。钻孔取样一般是采用活塞式岩心取样器、恒温岩心取样器或恒压岩心取样器。在钻孔确定存在具有开采价值的可燃冰之后,就可以打矿井,进行开采了。开采所采用的方法一般有这样几种:

一种为热激化法,就是通过一些方法将可燃冰加热,使其温度升高,从而使水合物分解而开采;第二种为化学试剂法,就是往可燃冰中加一些化学试剂,将"冰"转化成气;第三种为减压法,就是采用物理方法给可燃冰减压,达到使之分解的目的。当然,这只是一些正在试用的方法,目前还未找到在当前的科技条件下比较经济合理的开采方法,相信随着科学家们的努力,会找到一种既简便又经济的方法来开采可燃冰,让它早日服务于人类。

海洋化学

无尽的海底宝藏

238. 神话也会成真吗?

看过了孙悟空大闹南海水晶宫的神话故事后,着实让人眼界大开,浮想联翩。且不管常年生活在海底的鱼鳖虾蟹们是否神通广大,立地成妖,仅就那海底富丽堂皇的金铸宫殿,那奇珍异宝,金光闪烁的一幕,就足以引起人们对神秘的海底世界产生无限遐想。海底是个什么样子?海底真的会有金银财宝吗?如今,神秘的海底世界正随着科学技术的不断发展和人类的辛勤探索,而慢慢地揭开了它的面纱。人们发现海底不仅有奇珍异宝,而且品种繁多,储量惊人。它不仅有著名的金矿、宝石矿,而且,素有"黑色金子"之称的石油,"海底金银库"之称的热液矿,"21世纪矿物"之称的锰结核,"空间金属"之称的钛铁矿,"生命之石"之称的磷钙石等矿床,也都相继在海底被发现。更让人不可思议的是,陆地有的矿产资源海底也有,陆地上奇缺的矿产资源却能在海底源源不断

地生长出来。海底,这块富饶的世界,给我们带来的将是取之不尽的滚滚财源。真是沧海变桑田,神话也能成真!

239. 人类是从什么时候开始向海洋"寻宝"的?

其实,人类的祖先很早就开始从海洋里"寻宝"、"取宝"了。咱们中国人的祖先早在公元前2200年就从海水中提取出食盐;1620年英国人就在苏格兰海岸用竖井开采浅海煤矿;1896年美国人在加利福尼亚浅海区用木制平台开采海底石油;1906年泰国人在普吉岛与大陆之间的海域开采锡砂矿。就是这样,人类对神秘的海底宝藏,从不知到有知,从探寻到开采,从单一种类到全方位开发,一步一步地拉开了从海底"寻宝"的帷幕。

240. 为什么开发海底资源存在很大的困难?

海底虽然是一个矿产资源丰富的宝库,但人类一旦动手去开采它,就会发现,海洋本身竟具有奇特的保护海底财富的功能,迫使人们不能轻易得到海底宝藏。这种"奇特功能"就是海水自身的压力。要知道,在没有外界帮助下,人体要想成功地潜入水中30米,就已经不多见了。因为,在海水中水深每增加10米,水的压强便会增加一个大气压。这样,在万米的深海,人们工作在海底,就要克服上千个大气压,就好像身上压着千斤重的石头一样。即使使用现在比较先进的设备和技术方法,在汹涌的波涛、复杂的地形、无边的黑暗中开采海底矿产也不是件容易的事情。当然,现代的科学家们正在努力研究更适合海底资源开采的设备和技术,为大规模的开采海底矿产资源而努力探索着。

241. 什么是"国际海底"？

所谓"国际海底"，就是指除了各国领海、大陆架和专属经济区以外的不归属任何国家的海底区域。根据《国际海洋法公约》的有关规定，国际海底及其区域内的矿产资源属于全人类，不属于任何国家。国际海底管理局将代表全人类对这一区域海底矿物资源的勘察、开发实行具体管理。任何国家想要对这一区域海底矿物进行勘察和开发，必须先争取到先驱投资者的地位。那么，怎么样才能获得先驱投资者的地位呢？要想成为先驱投资者，你就必须先交上3000万美元的注册登记费，报上准备开辟的两个具有相同商业开发价值的矿址，并附上有关区域的勘察资料，待管理局正式批准以后，你也只能选择两个矿址中的一个进行开发活动。这就是开发国际海底矿产资源的必备程序。

242. 人类快速开发海洋矿产资源始于何时？

人类在20世纪60年代以前，对海底矿藏的开发还仅限于滨海和浅海，开发的规模也比较小。而真正算得上快速开发，那得从20世纪60年代以后，世界各国把矿产资源开发向深海转移算起。首先是加拿大对海底资源勘探投入了大量的人力和财力，特别是对浅海海底的石油、天然气和深海底部的锰结核，进行了广泛和细致的勘察。随后，开发的种类和规模也都不断扩大。目前，世界上已有100多个国家和地区正在从事这一方面的开发活动。

243. 海底矿产资源到底有多少种?

要说海底矿产,它的种类可多了,我们只能根据它的形态分类介绍一下。按形态分类,海底矿产可分成流体和固体两大类。流体矿产主要有石油和天然气。它们是海底分布最广、经济价值最明显的矿产资源,也是目前开采量最大,经济效益最好的。固体矿产又分非固结矿床和固结矿床两种。非固结类是指滨海砂矿,海底表层的锰结核和金属软泥矿等。固结矿床是指包括海底火山岩浆生成的多金属矿床,海底基岩中的煤、硫、铜、铁等矿产。

244. 世界上海洋石油储量有多少?

人类主要依赖煤作为能源的历史已经过去了,目

海上石油钻探

前,世界上所需要的能源几乎一半以上来源于石油和天然气,特别是发达国家,这种比例已上升到75％以上,美国已达80％。那么,世界上可以开采的石油和天然气储量有多少呢?据科学家们统计,世界海洋陆架区含油气盆地面积约1500万平方千米,已发现800多个含油气盆地,1600多个油气田,石油地质储量达1350亿吨,占世界石油总量的45％,天然气地质储量达140万亿立方米,占世界总量的50％左右。

245. 世界石油还可以开采多少年?

从世界石油消耗情况看,20世纪70年代以来,世界每年新增石油储量为15亿吨,而石油开采量每年达29亿吨之多,开采量远远大于探明的储量和增长量。据联合国统计资料表明,到现在为止,全世界已经用光了石油储量的87％。至于天然气,法国专家估计,若按每年平均消耗4万亿立方米计算,大约也只能再用60年。所以,为解决能源危机,世界油气的勘探与开发,必须从大陆转向海洋,除此之外,几乎没有其他道路好走了。

246. 种植天然气是不是科学家异想天开?

谈起石油和天然气,同学们都比较熟悉,但是,说到石油和天然气可以种植,可能就闻所未闻了吧?真有这种事吗?是不是科学家们异想天开?加拿大的生物学家是这样做的,他们根据海洋中的藻类可以转变成石油的自然现象,把一些特殊的细菌放在生长很快的藻类上,将正在生长的藻类植物变成了石油。多伦多的一个试验小组利用细菌加速了石油的演变过程,只用几个星期的时间,就代替了自然界形成石油所需要的几百万年的漫长岁月。人们计算过,在一个池塘里,3平方千米的藻类每年可提供 100 万桶的石油,其能量相当于 10000 辆汽车各行驶 15 万千米所消耗燃料的总和。1977 年,美国人还提出了用一种叫作巨藻的藻类来制造甲烷(天然气的主要成分)的设想。据估计,用面积相当于美国陆地面积的 5‰ 的地方养藻类,所生产的甲烷可满足美国全国对天然气的需要。我国也从 1978 年开始进行了这一方面的研究工作。至于直接用种植的巨藻转变石油来供应社会需要,也只是时间问题了。

247. 最早的海上石油平台是铁的吗?

在 1896 年的一天,美国加利福尼亚州圣巴巴腊海峡的岸边,有一群粗壮的男子汉们正挥动着木槌往海里打着木桩,然后,又铺上了木板,搭起了平台。他们是在干什么呢? 后来人们才发现,这些人搭起平台的目的是为了便于在海面上进行海底石油钻探。尽管这座木质平台是那么简陋,但它却是世界上最早的海上石油平台。它是木制的!就是在这样的平台上,第二年就从水深几米的海底首次开采出了石油。

248. 你知道海底石油是怎样生成的吗?

说也奇怪,在几百米、几千米的海洋底部的地壳里,竟有流动着的石油和天然气存在,它们是从哪里来的呢?科学家们经过多年的研究和实践,得出了这样的结论:石油是由各种生物残体的腐泥演化而来的。海洋里生长着大量的浮游动物、浮游植物、底栖生物等有机物,它们死亡的遗体沉到海底,如果那里的地壳下沉或发生海底地形的变化,它们就会沉入缺氧的海底环境中。经过漫长的地质年代,在一定的温度、压力和微生物的分解作用下,最终就变成了石油或天然气,深藏在海底的地壳下面了。

249. 怎样开采海底石油?

虽然海底含有丰富的石油资源,但要把石油从海底开采出来,还真的很不容易。具体石油开采过程包括钻生产井、采油气、集中、处理、贮存及输送等环节。要求海上油气生产设备体积要小、重量要轻、高效可靠、自动化程度高、布置集中紧凑等,生产处理系统非常复杂。

供海上钻生产井和开采油气的工程措施主要有:①人工岛,多用于近岸浅水中,还较经济。②固定式采油气平台,其形式有桩式平台(如导管架平台)、拉索塔式平台、重力式平台(钢筋混凝土重力式平台、钢筋混凝土结构混合的重力式平台)。③浮式采油气平台,其形式又分:a.可迁移式平台(又称活动式平台),如坐底式平台(也称沉浮式平台)、自升式平台、半潜式平台和船式平台(即钻井船)。b.不迁移的浮式平台,如张力式平台、铰接式平台。④海底采油装置,采用钻水下井口的办法,将井口安装在海底,开采出的油气用管线直接送往陆上或输入海底集油气设施。

供开采生产的油气集中、处理、转输、贮存和外运的工程设施有:①装有集油气、处理、计量以及动力和压缩设备的平台。②贮油设施,包括海上储油池、储油罐和储油船。③海底输油气管线。④油气外运码头,包括单点系泊装置和常规的海上码头(有固定式和浮式两种)。综上所述,海上采油的复杂程度可见一斑。

250. 海上油田与陆地有什么关系?

人们在陆地上勘探出一处新油田,本来就不是一件容易的事儿,何况海底油田比陆地还隔了一层海水呢!但是,人们在实践中也发现,许多海底油田都是由陆地延伸到海里去的。因而,可以根据陆地上的油气田分布情况,来追踪、寻找出海底石油的藏身之处。例如,美国加利福尼亚州的圣巴巴腊海峡,委内瑞拉的马拉开波湖,墨西哥湾的油田等,都是从陆地上追踪到海里去的。我国的胜利油田、渤海油田也是从陆地延伸到海里去的。

251. 海洋石油产业占海洋总产业的比例是多少?

大家已经知道,我们可以从海水中获取许多物质,如淡水、食盐、碘、钾等等,当然还有石油和天然气。在当前世界各国都把目光投放到海洋的时代,开发海洋,利用海洋资源就成为大势所趋。其中,石油就是人类从海洋中开采出的最重要的能源之一。目前,海洋石油的产值已占到海洋总产值的60%以上,在海洋经济总产值中高居榜首。

252.为石油"下海"的国家有多少?

同学们,你们知道我国彻底甩掉贫油的帽子是哪一年吗?那是我国从发现了大庆油田,国内的石油供应基本上实现了自给自足以后。近些年来,由于海底石油开发给人类创造了明显的经济实惠,所以,许多国家都把海洋石油开发作为国家海洋经济发展的重点。现在,在海上正在工作的油井有4000多个,为石油"下海"的国家已有100多个。

253.世界海底石油三大产区在哪里?

当今,世界海底石油开采已经形成明显的三大产区。它们分别是:位于伊朗和沙特阿拉伯之间的波斯湾,它的总面积约为24万平方千米,平均水深40米,最大水深104米,开发时间是20世纪30年代。位于委内瑞拉的马拉开波湖是一个泻湖,它的面积约为1.3万平方千米,最大水深250米,于1917年开始勘探,20世纪30年代起才从陆地延伸到海底而成为海上大油田,产油层有100多层。另一个是位于大西洋北部的北海,它的面积为54万平方千米,平均水深96米,最大水深433米,它是20世纪60年代后期开始勘探,20世纪70年代初才发展成为世界上重要的油气产区之一。

254. 海底石油储量谁居首位？

如上所述,目前世界上三大海底石油产区是波斯湾、马拉开波湖和北海。那么,这三个产区中,哪一个石油储量位居世界首位呢？根据已探明的储量看,波斯湾海底石油总量最多,1951年时,沙特阿拉伯就在近海发现了世界上最大的海底油田——沙法尼亚油田,可采储量达42亿吨以上,以后,又在波斯湾沿岸发现了上百个大油田。位居第二的是马拉开波湖,第三位是北海。其中,仅波斯湾和马拉开波湖的石油储量就约占全世界海底石油总储量的70%。

255. 打出海上第一口油井的是哪个国家？

最初开采海底石油时,钻井大都设在岸上,倾斜着向海底钻探。显然,这种方法只适合于浅海、近海区。用这种方法钻探也只能开采离岸 3000 米以内的滨海底部的石油。尽管在 1897 年,美国人利用木制平台在浅海处打出了石油;1924 年前后,在委内瑞拉的马拉开波湖和苏联的里海沙滩上也先后竖起了海上井架,但这些都算不上真正的海上油田。直到 1946 年,美国人在墨西哥湾建立起第一座远离岸边的海上钻井平台,打出了世界上第一口真正的海底油井,才标志着人类海洋石油开发进入了新阶段。

256. 世界海上油气田有多少?

当今国际社会海上油气资源的开采轰轰烈烈,为此,引发的国际争端也此起彼伏。那么,世界上到底已经有了多少海上油气田,每年从海底能取出多少石油呢?

北海油田

历史进入20世纪90年代,海上石油开采国已达到100多个,勘探范围遍及所有沿海和大陆架海区。迄今,全世界已发现了800多个含油气盆地,共计1000多个油气田。已探明海洋中石油储量是1350亿吨,接近世界石油可采储量的一半。2003年人们从海底开采出来的石油总量已达12.57亿吨,已占世界石油年开采量的34.1%以上。

257. 为什么南海取"油"刻不容缓?

浩瀚的南海是个巨大的"蓝色聚宝盆",蕴藏着丰富的油气资源。据初步估计,南海油气储量为500多亿吨,而其中约有五分之三的储量在我国传统疆界线以内。该区与波斯湾、墨西哥湾、北海齐名,为世界四大海洋油气区,开采前景十分广阔。南海油气可以作为稳定的国内石油供给,成为战略石油储备的一个重要组成部分。自从20世纪60年代末沙海域被探明有丰富油气资源以来,南海的油气资源争夺进一步加剧,周边有关国家加快了油气勘探开发的步伐。目前,在南海从事油气勘探和开采的国际石油公司有200多家,每年从南海开采出5000万吨以上的石油,比我国最大的油田——大庆油田2008年的年产量还要高出1000万吨。南海之争,其实就是资源之争。由于南海石油开发对我国国家石油安全和经济安全的巨大影响,我国加快对南海油气资源的开发已经刻不容缓。

258. 为何我国在南海南部60年未产出一桶油?

具有丰富石油资源的南海被赋予我国能源未来的希

望之地,被列为国家十大油气战略选区之一。不过,既然南海南部海域油气资源储量丰富,为何至今我国没有大量开采呢?这是一个很难回答,但又必须直面的问题。

早在1957年,南海的莺歌海面那些燃烧的气苗在带给人们无限惊愕的同时,已经启动了中国海洋石油工业的未来。然而,正当整个南海海域的勘探已经起步之际,1965年得越南战争爆发了。受其影响,我国海洋石油工业的重心就由南海海域转到渤海海域。直到1973年初,越南战争结束,南海海域恢复平静后,我国也恢复了对南海石油勘探。此后几年,又因国内其他原因,南海海域的石油勘探开发就一直处于停滞状态。

1982年,中国海洋石油总公司(中海油)的组建,标志着新一轮南海油气勘探开发的启动。在当时,启动南海油气勘探开发面临两大难题,即技术和资金。而同时,世界上老牌石油勘探开发商如雪佛龙、BP、阿莫科、壳牌、菲利浦斯、阿吉普、德士古等和一些中小石油商都相继被吸引到南海。但是,当勘探发现的油气田储量达不到1亿吨时,这些老牌的石油商毫不犹豫地选择了放弃。在1985年前后,第一批来到南海的世界顶级石油商们均相继离开。

直到1986年我国中海油在南海的第一个油田平台开始搭建。3年后,南海的第一个油田建成投产。从1996年至今,中海油深圳分公司的油产量已连续10年突破了1000万立方米。中海油的人均劳动生产率已接近200万元/年,其效率比远超过国内同类石油公司。2004年公司的年净利润达161.9亿元。不过,中海油在南海海域的勘探开发仍主要集中在浅海的北部湾海域和珠江口海域。那么,既然中海油公司资金充裕,为何不向南海南部海域开发推进呢?

实际上,海上石油开采是一个高风险、高技术、高投入产业。每钻井一米深耗资约1万元人民币,每制造一平方米海上钢结构平台造价高达2万美元,如果建设一个中型的海上油田投资在3亿~6亿美元之间,而建设一个大型油田的投资将高达20亿~30亿美元。在开发之前,仅一个中小油田前期勘探的费用就达2000万美元之多。正因为高投入的极大风险,避免打"干井"就成为石油公司在推进南海南部石油勘探开发上必须要考虑的重要因素。另外,再加上远离祖国大陆后勤保障供应困难、邻近国家的政治、军事等因素影响,阻碍了我国对南海南部石油资源的开采进度。因此就出现了60年来,我国在南海南部石油开采方面进展缓慢的局面。

259. 我国对海底石油资源调查是什么时候开始的?

我国以地球物理勘探为主要手段,寻找海底油气矿藏开始于1960年。这个开创性的调查,自1960年到1980年的20年中,完成了中国海地质构造及含油气性质的研究。到1980年就先后完成了渤海、南黄海、东海及南海北部的地质构造调查工作,总面积达120多万平方千米,发现了6个大型含油气盆地,为中国海的海底油气开发提供了详尽的科学资料。目前,我国海洋油气年产量已超过5000万吨。

260. 我国海底油气资源有多少？

经调查,我国海域同样有比较丰富的海底油气资源,现在已经发现了30多个大型沉积盆地,其中已经证实含油气的盆地就有渤海盆地、北黄海盆地、南黄海盆地等等。这些盆地的总面积达127万平方千米,也就是说,我国海洋国土的42%的海底含有石油和天然气资源。根据沉积物生油条件估算,仅渤海、黄海、东海及南海北部水域,石油和天然气资源储量就可达150亿～200亿吨。南沙群岛海域估计石油资源储量可达350亿吨,天然气资源可达8万～10万亿立方米。有人甚至预言,我国南沙海域可能成为世界上第二个波斯湾。

261. 我国第一口海上油气井哪一年投产？

我国海洋石油勘探始于南海。早在20世纪50年代,茂名石油公司地质处就在莺歌海村水道口外钻了3口海上探井,在海2井中发现了原油,这算是我国在海里钻的第一口油气发现井,但是,它只是在海边浅水中。而真正算得上第一口海上油气井开钻,则是20世纪70年代开始的。在1966年12月15日,我国第一座桩基式海上钻井1号平台在渤海建成。12月31日"海1井"正式开钻,1967年5月6日完钻,并获得工业油流,国务院特发专电表示祝贺。"海1井"开钻并获得工业油流,从此揭开了我国海上石油勘探的新篇章。尽管如此,当时我国只是利用自己研制的固定式海上平台,到1973年以后,才开始引进国外先进的自升式和半潜式钻井船,开始较大范围的勘探工作。

262. 我国第一个现代化海上油田在哪一年建成？

我国第一个按国际标准和规范进行设计建造的海上现代化油田是 1972 年建成的,它是由渤海石油公司在渤海湾靠近山东无棣县的埕子口以北发现的"埕北油田"。它的含油面积是 10 平方千米,油层厚度在 20 米左右,石油地质储量约有 2500 万吨。该油田按国际现代化油田标准设计建设,共分 A、B 两个作业区,每个区各有 28 口生产油井。A、B 区之间由输油管线连接,并建有采油平台、生活平台、储油、输油码头等设施。它于 1985 年 9 月 2 日投入试生产,同年 10 月 1 日正式投入商业性开发,年产量达到了 40 万～56 万吨。

263. 我国海上油气开采能力有多强？

到 1997 年,我国已经发现海上油田 28 个,气田 8 个,油气田 1 个。其中渤海盆地有 16 个,珠江口盆地有 9 个,北部湾盆地有 5 个。已建成的海洋油田生产井有 340 个,其中采油井 299 个,原油产量达到 1967.96 万吨。看起来这个数字只相当于世界年总产量的五十分之一,不值得一提,但是,回顾我国自己海洋石油开发的历史,不难看出:我国 1980 年年产量尚不足 40 万吨,1990 年产量才达到 145.5 万吨,1997 年已经达到了 1967.96 万吨。前 10 年增加了 2.6 倍,后 7 年竟增加到 13.5 倍多。1997 年海洋油气的产值为 246.5 亿元,相当于 1990 年的 24 倍。现在年产量已超过 5000 万吨。可以骄傲地说,我国的海洋石油产业从此步入了快速发展时期,这必将给国家经济的发展注入新的生机和活力。

264. 什么是锰结核?

锰结核是一种海底矿石(又叫多金属结核)。它一般分布于远离大陆,水深在 4000 米～6000 米深的海底,由海水中的物质沉积而成。"锰结核"这个名字的由来,与它的组成结构有着密切的关系。这是因为锰结核中不但含有丰富的锰、铁等元素,有的锰结核中锰的含量达到 55%,除锰以外还含有铁、镍、铜、钴、钛等 20 多种金属元素,含量都很高。它富含的金属广泛地应用于现代社会的各个方面。许多金属品种是世界市场上迫切需要的产品,这就是美国、日本、德国、法国以及前苏联等许多国家于 20 世纪 50 年代就开始了深海锰结核的勘察、试采和加工处理工程的根本原因。

265. 谁最早发现的锰结核?

人类最早发现锰结核是在100多年以前,那是在1873年2月,由英国海洋学家汤姆森教授担任首席科学家的远洋科学考察船"挑战者"号,在进行环球海洋考察时发现的。他们在北大西洋加利群岛西南海域的深海沉积物中,首先找到了一些黑色的类似于鹅卵石的团块。这一现象立即引起科学家们的浓厚兴趣。经过分析化验发现,这些鹅卵石竟是沉睡在大洋底部达亿万年之久的"深海珍宝",它几乎是由纯净的氧化锰和氧化铁组成的。1882年,被科学家正式定名为:锰结核。当年"挑战者"号上的科学家们采集到的人类最初发现的锰结核样品,现被大英博物馆当做深海底珍品收藏着。

266. 是什么造就了大洋锰结核?

科学家考察的结果是:锰结核主要存在于3000米~6000米水深的大洋底部。那么,造物主怎么把这些"宝藏"造就在这么深的海底呢? 时至今日,人类也没能准确揭开这个谜底。但是,一般的说法是:陆地及海岛上的岩石风化后,分解出的金属离子被河流送入大海,进入大洋,渐渐凝聚,沉降到洋底,并依附在贝壳、石子、鱼骨等物体上。经过几百年的时间,如同滚雪球似的越长越大,就成了现在的锰结核。当然,这只是一种假说,锰结核到底是怎样形成的,还有待科学家们进一步探讨。

267. 为什么说是"疯长"的锰结核?

经研究发现,锰结核的生长速度是极其缓慢的,一般来说,每年仅仅生长 0.000001 毫米。也就是说,若生长 1 毫米,大约需要 100 万年的时间。而且不同海区的锰结核,其生长速度也不相同。其中北太平洋、南极海域和东太平洋的锰结核生长速度相对较快些。锰结核生长的速度如此之慢,却为什么偏要叫它"疯长"的锰结核呢?原来,尽管每一块锰结核生长的速度很慢,但是几万亿吨的锰结核,每年净增长量就十分惊人了。仅太平洋海底的锰结核每年就可增长 1000 万吨呀!说锰结核"疯长"不是很有道理吗?

268. 世界上最大的锰结核块有多大?

当你走进锰结核的世界里,你会发现:由于每一个锰结核中所含金属物质不同,它们的表面颜色因而显得五颜六色;它们在海底时是潮乎乎的胶质物体,取出水面后就逐渐变干、变脆了;它们的形状各种各样,体态大小不一,一般直径在 0.5 厘米~2 厘米之间,小的如同豌豆,大的好似甜瓜。迄今为止,人们找到的世界上最大的一块锰结核,重量竟达 2000 千克呢。它是前苏联调查船"勇士"号在夏威夷群岛西部海底发现的。

269. 大洋底共有多少锰结核存在?

锰结核资源之所以引起了世人的极大关注,原因并不在于它的物质组成上,而在于它的资源总量和开发前景上。据科学家们考证:世界各大洋底部均有锰结核分布,其总量可达 30000 亿吨。其中太平洋最多,有 17000 亿吨。在夏威夷群岛到马利亚纳海沟之间有一个较窄的地带,锰结核的覆盖率达 100%。在这里,锰结核储量高达每平方米 9.08 千克,最高的可达每平方米 70 千克之多。可以想象,如果这些锰结核都能够被人们所利用,将是多么大的一笔财富呀!

270. 开采锰结核的有效办法是哪一种?

锰结核主要分布在水深几千米的大洋底表层,如何从这样的深度将它采集上来可是一项难度很大的工程。世界上许多国家的科学家和工程技术人员,经过大量的

大洋锰结核资源调查

实验,目前,普遍趋向于采用链斗式采矿法、流体提升采矿法和海底自动采矿法三种。前两种方法中,一个是用挖斗将锰结核从洋底挖起后提升到船上,一种是用采矿管从洋底把锰结核吸附到船上。这两种方法,目前已达到日产 10000 吨的采矿能力。而第三种方法,是用遥控深潜器从洋底采集完锰结核后,再送到采矿平台上。法国在这方面进行的实验表明,采矿器可以下潜到 6000 米

深。由于它具有不受波浪和海面气候影响的优点,所以,不失为一项很有发展前途的海底采矿技术。

271. 世界锰结核开发现状如何?

大洋底层的锰结核储量那么大,开发的前景又那么好,现在世界上开发现状又如何呢?自从20世纪70年代以来,随着现代高科技的发展,开采大洋锰结核的技术也日益成熟,试验性开采已经开始。在锰结核的调查开发中,美、日、德、法、俄、英等国最为积极。目前,全世界已建立起10多个跨国财团,设有1000多家公司正在从事大洋锰结核的勘探与试采工作。以美国为首包括意大利、比利时等国组成的"海洋采集矿产联合公司",从1995年起,每年开采100万~200万吨大洋锰结核。美国还计划建立一座日处理5000吨的加工提炼工厂。

272. 你知道我国的国际海底矿区是多少?

我国是积极开展大洋锰结核调查勘探国之一,在遵

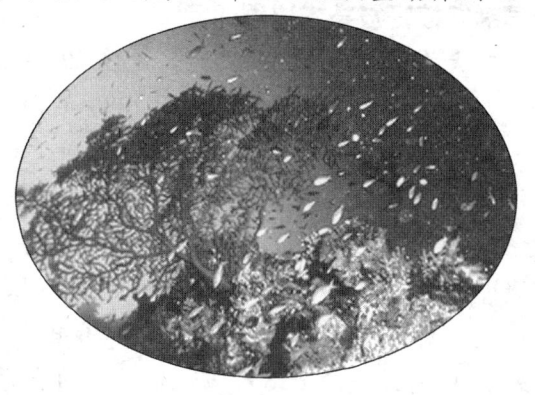

神秘的海底世界

守《联合国海洋法公约》的前提下,我国在查清了30万平方千米海底锰结核资源后,经过向国际大洋海底委员会申请,于1991年3月,继印度、法国、日本和前苏联之后,第五个获得了大洋海底资源先驱投资国的地位,在东太平洋海域争得了7.5万平方千米的国际海底矿区,为以后大洋锰结核的开发奠定了坚实的基础。

273. 我国为什么重视大洋锰结核的开发工作?

锰结核含有丰富的镍、铜、钴、锰等金属,被誉为"战略金属"。我国陆地铜、钴、锰资源储量并不丰富,而且多是贫矿和半生矿,对选矿和冶炼的难度都很大,致使我国这些金属长期供应不足,需要部分从国外进口。40多年来,我国进口这3种金属所需要的外汇平均每年都在2亿美元以上。随着生产的不断发展,对这3种金属的需求量也将不断增加。所以,开发我国的国际海底锰结核资源,不失为解决这些金属紧缺的重要途径。

274. 我国锰结核开发技术进展如何?

我国对大洋锰结核的早期勘探,是1979年用"向阳红5"号海洋调查船进行的。随后,于1986年,我国的第一艘载人潜水器也投入了使用。时至1995年,我国首台6000米深海机器人又获得了清晰的海底锰结核录像和照片,为进一步实地开发锰结核打下了基础。同时,我国在采矿机械设备和选矿及冶炼工艺方面,也全方位进行了研究和创新。有关专家预测:到2020年,我国将初步建成深海采矿业,并达到年产300万吨锰结核的能力。

275. 什么叫滨海砂矿？

在夏日炎炎的海湾，当你踩着如绢的细沙追逐着浪花，或者躺在暖烘烘的沙滩上享受美妙的"日光浴"时，你是否会想到：身下这片黄澄澄的沙土里可能藏有各种各样的矿物质，它们可都是"宝贝"呀。原来，就在这些海滨的海沙中含有金、铂、金刚石、宝石、水晶等很多种储量可观的矿物。这些物质分层富集，分布在滨海的沙砾层内，人们把这些矿床统称为滨海砂矿。

276. 进入规模开采期的滨海砂矿有多少？

现在，世界上已有40多个国家在忙于勘探或开采滨海的矿物资源，已开采的矿物达20多种。已进入大规模开采期的有：南非的金刚石矿，美国的砂金矿和砂铂矿，智利的砂金矿，大洋洲的金刚石、独居石等矿，东南亚的锡矿砂，日本的磁铁矿等。

277. 滨海砂矿是如何形成的？

几十亿年来，海水昼夜不停地冲击、拍打着海岸。当雷霆万钧之力的海浪冲上海岸时，威力足以掀起滨海中的所有物质，并把它们抛到海滩上。浪潮回退时，只能把较轻的物质带回大海，较重的矿物质就被留在了海滩上。这样，经过长期海水的冲洗和淘涮，无形中对滨海的矿砂进行了自然分选和富集。所以，滨海矿砂中某一种矿物的分布是比较集中的，含量也比较高，这为我们现代人对其矿物质的开采提供了便利条件。又因为，滨海砂矿大多数都分布在海滨地带和水深仅有几十米的浅海水域，所以，对滨海砂矿的开采就成了海底各种矿物开采中最经济、最便捷的一种。因而，各沿海国家对这种矿藏的开采都极为重视。

278. 从滨海砂矿中可提取哪些金属？

滨海区不仅风光美丽，而且也是金银财宝的汇集之处。厚厚的并不起眼的沙砾层中，含有金灿灿的黄金，亮闪闪的钻石，价格昂贵的铂金，富含"空间金属"的钛铁矿，以及用途广泛的金属锡等。另外，在滨海珍宝库里还藏有可提取锆和铪的锆石、含有多种稀土元素的独居石、钛磁铁矿、磁铁砂矿、磷钙石、石英砂、黑钨矿等等。其实，这只是一小部分，在滨海砂矿里还有许许多多价值连城的矿产珍宝等待人们去进一步探明、开采。因此，把滨海的砂矿称作为"金属宝藏"是一点也不过分的。

海洋化学

滨海砂矿

279. 滨海砂矿储量最大的是什么矿?

我们已经知道,在滨海砂矿中有几十种可以开采的矿石,而储量最大的矿产当属石英矿了。别看不起海边这软绵绵的沙滩,它们可是上好的石英矿,用处可大着呢。从石英矿中可以提炼出一种叫作硅的化学物质,它是一种半导体材料,银灰色,性脆,熔点高达1420℃。从20世纪60年代起,硅就被广泛用于无线电技术、电子计算机和航天工业。用硅制得的太阳能电池,能把15%的太阳能直接转化为电能,我国发射的人造地球卫星就使用了这种新型电池。20世纪80年代,钟表行业也广泛使用了硅,制造出新型的石英表。目前,石英正日益成为电力、冶金、化工、航天等部门的"新材料宠儿"。

280. 最早从滨海砂矿中取出金子的地方在哪儿?

早在1852年,在美国的俄勒冈州沿岸,人们就开始了开采金和铂的作业。这里算是世界上最早从滨海砂矿中取出金子的地方。在20世纪初期,世界闻名的阿拉斯加诺姆砂金矿开采工作开始,至今已有七八十年的历史。该砂金矿沿海岸延伸 5000 米,矿层宽 90 米,厚达 0.3 米～0.9 米。该砂金矿在岸上还有两层砂矿,一层厚 0.15 米,另一层厚 1.5 米～3 米,平均含金量高达 5.2 克/吨～50 克/吨。

281. 滨海砂矿中发现的最大金块有多重?

黄金,是世人瞩目的稀有贵重金属。很早以前,人们就想方设法从滨海沙砾中提取黄金,这一愿望终于在 1852 年实现了,美国人率先从海砂中提出了黄金。那么,又是谁从砂矿中发现了大金块呢?最先是澳大利亚人,他们找到了一块重 66.5 千克的大金块,实在令人惊喜不已。但这一世界纪录却不是一直由澳洲人保持,而是被智利人夺走了。他们发现了世界上至今最大的一个金块,重量竟达 153 千克呢。

海洋化学

282. "金红石之乡"在哪里？

在国防工业中有一种必不可少的物资，它就是金属钛，并享有"空中金属"的美称。而生产这一"空中金属"的矿石——金红石（钛铁矿），它的含钛量可高达60%。这种红褐色的金红石是生产金属钛的最佳原料。目前，在世界上已探明的滨海金属矿砂中，金红石位居榜首。因为，世界上最大的金红石矿砂产地是澳大利亚，所以，人们把澳大利亚誉为"金红石之乡"。

283. 世界上最大的金刚石砂矿在哪里？

你知道自然界中什么东西最坚硬吗？它就是金刚石。纯净的金刚石是无色透明的，把它琢磨成一定的形状就叫作钻石。真正的金刚石矿砂，是1908年在西南非洲沿岸被发现的。现已查明，在整个南非大西洋沿岸1600千米范围内，分布着世界上规模最大的金刚石砂矿。它不仅储量丰富，而且含量也高，1吨海砂中就能得到0.2克的金刚石。

284. 最早进行海底金刚石砂矿勘探是哪一年？

世界上第一次在滨海沙砾中发现有金刚石，是在1908年。而首先在海底实施金刚石矿砂勘探又是哪一年呢？它开始于1961年，人们首先在纳米比亚铝德里茨湾附近采出的4.5吨淤泥中，找到了45颗金刚石，总重量为9克拉。接着，人们又在水深30米和90米处发现有两条矿带，分布面积41.2平方千米，厚度从几米到几十米不等，大约储量为1200万克拉。该金刚石矿于1962年

179

正式投产,每年产金刚石达到了21.8万克拉。

285. 我国海岸带矿产资源有多少?

世界上最大的金块在智利人手中,"金红石之乡"在澳大利亚,最大的金刚石砂矿又在西南非洲,那么,我国海滨砂矿的情况又如何呢? 现已查明,我国海岸带及其临近浅海区固体矿产资源,不仅种类多,而且,有较好的开发利用价值的就有煤、铁矿、钛铁矿、金矿、银矿、金刚石、石英砂等65种,800多个矿床。其中,属于大型矿床的就有100多个。在这些矿产中,较为重要的还算海滨砂矿、浅海砂矿和海底煤矿等。已探明具有明显工业开发价值的砂矿有:钛铁矿、独居石、锆英石、金红石、砂金矿、砂锡矿、铬铁矿等。它们的分布遍及我国南北沿海,已被划出了12个成矿带。

286. 我国滨海砂矿开采情况如何?

我国有那么多的滨海砂矿资源,现在的开发速度如何呢? 我国的滨海砂矿是从20世纪60年代开始勘探,20世纪80年代已有部分开采。到了1990年,已经建成的国有和地方矿厂10多个,开采的有百余处,年产量61万吨。到了1997年,开采规模明显增大,仅钛铁矿一项就达到10.19万吨,是1990年的5倍。但是,由于受采矿与冶炼技术和投入产出的经济效益所限,我国砂矿资源开采速度仍不算快。

287. 什么是"海底金银矿"?

在神秘的大洋底部,科学家们经常会探寻到一种热液矿床,这种热液矿中含有金、银、铂、铜、锡等多种金属,被称为"海底金银矿"。这种热液矿与海底的锰结核相比,矿床分布比较集中,开采技术难度小,效率较高。它的自然生长速度比锰结核还要快900万倍,更具有取之不尽的优点。所以,热液矿是一种很有开发前途的大洋矿产资源,被科学家称为"未来的战略性金属"。

288. 海底热液矿是从哪里来的?

海底的热液矿有这么重要的利用价值,那它在海底是怎么形成的呢?事情是这样的:能形成热液矿的地方,海底的地壳较薄,地球内部熔融状态的岩浆很容易从地壳内涌出来。这种来自地球内部的岩浆温度极高,并富含多种金属。当它接近海底表面时,与渗透下来的冷海水相遇,发生激烈的化学反应,使许多种金属从岩浆中稀释出来,从而形成富含金属的热水溶液。这些热水溶液从洋底的孔隙处高速喷射出来,就形成了海底的热喷泉。喷出的热液与冷海水接触后温度迅速降低,其中的金属便在这个过程中沉淀到海底,堆积成矿。天长日久,便形成了一座座富含金属的、颇为壮观的水下"黑烟囱"和金属小丘,海底热液矿也就形成了。

289.海底热液矿是怎么发现的?

长期以来,人们一直认为从海面越往下海水的温度越来越低,海底就是一个阴暗的冰冷世界。当1948年,瑞典的一艘海洋调查船"信天翁"号在红海考察时发现,一些深海的水温比海洋表层的水温高出很多,含盐量也很高,这是为什么呢?经过科学家们的不断探索,在太平洋底部,终于发现了张开的裂谷。裂谷处的海水温度高达几百度,海底还堆积了许多块状的硫化物,有的高达几米,甚至几十米,就像一座座黑烟囱一样竖立在海底。从烟囱中冒出的滚滚热汽好似朵朵白云,从海底徐徐上升,这就是明显的海底热液矿床的标记。实际上,发现这种海底热液矿的存在,只是近几十年的事情。

海底热液

290. 海底有多少热液矿床？

我们已经知道，海底热液矿中富含多种贵重金属。那么，它们的储量大约有多少呢？科学家已经在世界各大洋底部发现了热液矿存在。1981年，美国在加拉帕戈斯海底断裂谷发现了一个大型的热液矿床，那里的水深是2600米，分布着许多高5米～20米，宽20米～50米，长约2000米，由块状硫化物构成的小山丘。据测量，仅这里的热液矿床总量就高达2500万吨。其中，可开采的有用金属价值40亿美元。在红海水深2000米左右的海底，还发现了8个多种金属软泥盆地。其中，一个叫"阿特兰蒂斯"的盆地，它的金属储量达到了8000万吨。

291. 为什么美国人对热液矿感兴趣？

几十年来，美国人对开采海底锰结核投入了很大的财力和物力，但是，目前有一种转向开采海底热液矿的迹象，这是为什么呢？聪明的美国人算了一笔账：①热液矿床分布在平均水深2500米～3000米处，而锰结核则在4000米～5000米，前者开采较容易；②热液矿床单位面积开采量是锰结核的1000倍，开采前者经济效益明显，而且前者还含有金、银等贵重金属；③陆地上有与热液矿相似的矿床，金属提炼方法比较成熟，技术难度小；④在东太平洋已发现的热液矿床离美国较近。不容置疑，美国人对"热液矿"的偏爱理由是充分的，账算得也精明，称得上是上上策的选择。

292. 怎样开采热液矿？

对于热液矿，人们更关心的是怎样开采和利用其中

海底矿产资源开采

的金属,为人类作贡献。人们是怎样将它们从海底开采出来的呢?具体的做法是这样的:热液矿有块状和泥状两种,对于块状,由于分类集中,硬度高,需要用自动控制的海底钻探装置先把矿石打碎,然后再用与采集锰结核相似的办法输送到水面进行加工;对于软泥,可用从采矿船上拖下的一根长的钢管柱,柱的末端装有一个抽吸装置,先把软泥通过这种装置抽吸到采矿船上,然后经过处理,得到金属的浓缩混合物,再经冶炼加工出金属物质。

293. 人类何时发现海底磷钙石?

英国最负盛名的"挑战者"号海洋考察船,在1873年的航行考察过程中,船上的科学工作者都在忙着测水深、试水温,还有的在采水样,船尾拖着的大网也正在网罗海底的底质样品。当船员们收上拖网时,偶然发现了网中还有不少深褐色,像蜡块一样的石头。后来,经过船上的地质学家检验,这正是被称为"生命之石"的磷钙石。这一次的发现,又填补了世界海底矿产资源勘探的一项空白。

294. 海底磷钙石是怎样形成的？

在深不可测的海底，怎么会有磷钙石呢？原来，它不是由河流携带入海的，也不是海洋底床的原生矿物，而是从海水中解析出的一种化学沉淀物，所以，磷钙石是一种海洋自生矿物。起初，人们还以为它是一种生物沉淀物呢，可后来才发现它并不是直接由生物沉淀而成。海洋中的磷大部分先是集中在生物体内，当生物死后，它们的遗体开始下沉腐烂，生物体内所含的磷也被释放出来了。磷溶解在水中，并在 1000 米水深以下达到饱和。在适当的温度、压力下，海水中的磷同钙发生了化学反应，最终，形成了磷酸钙固体沉淀在海底，也就形成了磷钙石。

295. 什么是"生命之石"？

自然界中有一种开发经济价值很大的矿产资源——磷钙石，它的主要化学成分——氧化钙占 30%～

矿物资源丰富的海底与海岸

50%,五氧化二磷占 20%～30%。由于它富含的磷可以用于制造磷肥,是植物重要的养分之一;磷溶解在鱼塘里可以加速鱼虾的生长;用于制药,可使人体强化。因此,磷钙石被人们称为"生命之石"。

296. 海底磷钙石的储量有多少?

人类的生存离不开粮食,而庄稼的生长也同样需要充足的养分,这些养分就是"氮、磷、钾"肥料。可见,磷对人类生存是何等的重要。可是,由于世界人口迅速增长,世界上对磷肥的需求量也在大幅度上升,陆地上磷资源储量又十分有限,向大海要磷已经是开发海底矿产资源的重要组成部分。由于海底含磷量很高的磷钙石,主要是由海洋生物体腐烂后释放出磷,最后沉积在海底大陆坡而成矿,所以,海底磷钙石成矿水层较浅,开采比较方

海底沉积了厚厚的贝壳

便。在海洋中矿区的分布面积又很广,有时一个矿区面积就达几万平方千米,储量可达几十亿吨呢!根据统计,全世界海底磷钙石储量达 3000 亿吨,如果按 20 世纪 80 年代年消耗量 105 亿吨计算,海底磷钙石储量足够人们使用 2000 余年。

297. 什么是海底基岩矿?

海底基岩矿,顾名思义是指埋藏在海底表层下面岩石中的矿产,这种矿产既包括大陆边缘海底基岩矿产,也包括深海海底的基岩矿产。它的种类有煤、硫、石灰岩等非金属矿产,也有铁、锡、铜、镍等金属矿产,种类十分繁多。

298. 海底基岩矿开采的现状如何?

现在,世界上开采海底基岩矿的国家已有澳大利亚、英国、美国、日本等 13 个国家,在近岸 100 多个海底矿区里开采了煤、铁、锡、镍、铜、金、汞等矿产。但大量开采的矿物还是以煤和铁为主。有的大型海底矿区已开发到海面以下 2600 米深,距离岸边有 8000 米远。

299. 世界著名的海底大铁矿是哪一个?

从海底开采铁矿石,到目前为止,世界上也只有很少几个国家。加拿大就是这仅有的几个国家之一。它早在 20 世纪 50 年代就开始在 500 米深处开采铁矿。它在纽芬兰岛的康塞普申湾开发的铁矿区,现已探明的储量为 20 亿吨,估计总储量能有 40 亿~200 亿吨。这是世界上名副其实的著名大型海底铁矿。

300. "种瓜得豆"的海底硫矿是哪年被发现的?

1949年,距美国格兰德岛外13千米处,钻探石油的人们意外地发现,在神秘的海底有一个大硫矿。这是一个矿层最大厚度为130米,平均含硫达15%～30%的优质硫矿。现在,美国每年可以从这个矿区开采自然硫2000万吨,占全国产硫量的15%。这也是世界上第一个海底硫矿。

301. 哪个国家称得上是"海底采煤大国"?

要论世界上哪个国家最早从海底采煤,可能要首推英国了。早在16世纪,英国就在爱尔兰海开采海底燃煤。但是,尽管日本于1880年才开始在九州岛海底大规模采煤作业,可它发展速度却比较快,到1972年时,它的年开采量已达到2698万吨,占当年日本全国煤产量的40%。日本的九州煤矿,是采用人工岛竖井开掘方式取煤。煤层距岸边已达7000米,水深也有15米,这可能也是世界之最了。

海洋化学

流泪的海洋环境

302. "二战"后人类对海洋做了哪两件大蠢事?

人类集中了世间万物之灵气,怎么会做出大蠢事呢?联合国"国际海事组织"的一位官员讲出了这样一句很值得人们深思的话:"在第二次世界大战后,人类干了两件蠢事。第一件蠢事主要由发展中国家负责,那就是毫无节制的生育引起的人口爆炸;第二件蠢事主要由发达国家负责,那就是向海洋倾倒垃圾引起的海洋污染。"

303. 海洋污染是怎么一回事?

随着生产的发展和人口的不断增长,在生产和生活过程中产生的废弃物也越来越多。这些废弃物的绝大部分最终都直接或间接地经过江河和大气进入了大海。这些物质进入海洋后会产生什么样的后果呢?它们使海洋中物质的组成和能量分布平衡关系发生了变化,使原有的自然环境遭到破坏,这就是说,海洋受到了污染。

304. 国际上对海洋污染是如何定义的？

在国际上，对海洋污染是这样定义的：人类直接或间接把物质和能量引入海洋环境，其中包括河口海湾，以至造成或可能造成损害海洋生物资源、危害人类健康、妨碍包括捕鱼和海洋的其他正当用途在内的各种海洋活动，损害海水使用质量和减损环境优美的有害影响。

305. 为什么要提出海洋环境污染问题？

海洋污染是相对于海洋中水的质量变化而言，那海洋环境污染是怎么回事呢？这是因为：对海洋造成污染并不仅仅是简单的陆地河流冲刷问题，它同整个海洋周边的各种环境条件变化息息相关。迅猛发展的工业生产已经创造了巨大物质财富，但它产生的大量工业废渣、废水、废气形成了巨大的污染源；现代文明促进了现代农业的发展，而高效农药和化学肥料的广泛应用，给海洋的水质带来了巨大的威胁；海上运输业的发展，海底石油的开

国家海洋局领导检阅海监队伍

发,沿岸核工业的兴起等等,都无时不在地侵蚀着海洋健康的机体。海洋,祖先给后代留下的这一片净水,正随着它周边环境的日益恶化,已经被科学家挂起了"海洋环境污染"的警示牌。

正是因为如此,现代科学家们在讨论海洋污染问题时,总是将海洋周边环境变化因素纳入一起进行讨论,所以,学术专用术语"海洋环境污染"也就由此产生了。

306. 污染海洋的主要物质有哪些?

想要了解海洋污染情况,不知道哪些物质对海洋能造成污染是不行的。科学家们根据污染物的性质和危害,把污染物分成以下几类:

(1)石油及其产品:这类物质有原油和由原油加工成的许多产品,如汽油、柴油等,这类污染物引起的主要后果是使大片海水被油膜覆盖,轻度污染会影响海产品的质量,重度污染会引起海洋生物的大量死亡。

(2)重金属物质:什么叫重金属呢?在化学上把比重在5以上的金属称作重金属,它们包括汞、铜、锌、钴、镉、铬等。除重金属以外,还有非金属物质砷、硫、磷等,对海洋都会造成污染。而且,随着工农业的发展,这类污染会逐步加重。

(3)农药:农业除草剂、杀虫剂等物质,它们除了能除掉杂草和虫害以外,同样对海洋生物、人类都有毒害。

(4)有机物类:这一类物质包括生活污水中的食物残渣、洗涤剂、粪便、化肥的残存液、工业排出的纤维素、油脂等。这些物质进入海洋中,会使海水营养成分过剩,加快海水中某些生物的急剧繁殖,直接危害鱼虾蟹贝的生存。

(5)放射性物质:海洋放射性污染物质主要是由核武器试验,核工业和核动力设施释放出来的,这些物质无论是对海洋生物还是对人类,危害都是长时间的。

(6)固体废物与废热:固体废物通常包括工业和城市垃圾、船舶废弃物、工程废渣等。而废热主要是工业排放的热废水,同样会破坏海区的生态平衡。

307. 哪些废弃物被列入国际"黑名单"?

你知道吗？在废弃物中，人们十分熟悉的塑料袋早在20多年以前就被国际上列入严格禁止向海上倾倒的"黑名单"了。

原来，1972年12月在伦敦通过的《防止因倾倒废弃物及其他物质而引起海洋污染的公约》中，把废弃物详细划分成三类：一类废弃物主要包括含汞、镉和有机氯化合物的废弃物，强放射性废弃物，原油和石油产品，塑料废弃物等，这一类物质是严格禁止倾倒的，被列入了"黑名单"；二类是"灰名单"废弃物，主要包括含砷、铅、锌、氰化物、氟化物、铍、铬、镍的废弃物，弱放射性物质，各种废金属以及某些杀虫剂等，若倾倒这类物质必须采取特别有效的防溢漏、防扩散措施，否则，是不允许倾倒的；三类"白名单"物质，也就是无毒无害或毒害很轻的废弃物，必须在指定区域内倾倒。

308. 海洋石油污染数量有多少?

石油是现代工业生产的重要原料之一，每年世界生产总量约为30亿吨，被称为工业的"血液"。那么，因人类活动每年进入海洋，并给海洋造成严重污染的石油有多少呢？早在1970年，联合国秘书长在一份报告中披露，每年流失到海洋中的石油将近1000万吨。也就是说用万吨级油轮运输的话，还需要1000艘呢！而近些年估测的数字有所减小，70年代中为610万吨，1985年约为320万吨。这可能是人们普遍认识到石油污染的危害性或是海洋法规制约的结果,但流到海里的石油数量还是高得惊人。

惊人的海洋石油污染示意图

309. 石油进入海洋的渠道有哪些?

每年有数以千万吨的石油流失到海洋中,它们是通过什么渠道进入的呢?主要可以归纳如下:①从陆地入海。主要来源于城市生活污水、工业废水,这一类流入海洋中的石油每年有 100 万吨。②由海上入海。主要来源于船舶事故溢油,海上井喷事故溢油,油轮放空航行时的压舱水,检修时的洗舱水等。这类流入海洋中的石油数量每年共有 150 万吨。③从大气入海。主要来源于机动车的尾气,工业生产中的石油蒸气等。这一类通过大气进入海洋的石油每年也有 30 多万吨呢!

310. 世界首次油轮溢油事件在哪一年发生?

1967 年 3 月 18 日夜,美国 1959 年建造的一艘超级油轮——"托雷·卡尼翁"号,满载约12万吨科威特原油从波斯湾驶往英国的米耳福特港。在途经英吉利海峡中的七石礁水域时,偏离航线撞上了暗礁。触礁后的油轮最终因无法救助而沉没,满载的原油也全部倾入大海。这次油轮沉没溢出的大量原油蔓延在海面,扩展成方圆300平方千米的漂油区,并污染了英国旅游胜地肯福尔群岛的160千米的海岸线。后来,漂油又出现在法国北部海滨疗养区。为了处理这起溢油污染事件,英国和法国出动了42艘舰船,1400多名工作人员,使用310吨消油剂,共耗资800多万美元。这就是世界上第一次有详细记载的海上油轮溢油事件。

311. 世界上油轮事故有多少?

世界上的事情总是那么奇怪,需要石油的国家不产油,产油的国家却不用油。工业高度发达的日本和欧洲许多国家,石油资源都十分贫乏,如日本,它所需的石油

几乎全靠进口。而一些主要的产油国,如中东、西非各

国,工业都比较落后。海洋就成了这些国家运送石油的唯一大动脉。仅在1971—1980年这10年间,世界海上油轮数从6292艘增加到7112艘,通过海上运送石油的总量达到了15.88亿吨,占每年世界生产石油总量的50%左右。而海上油轮事故也因此层出不穷,据1969—1973年的统计,在这4年里,仅世界2000吨以上的油轮就发生事故3183起,造成污染事件的就有452起。平均每年110多起,每3天就有一起。

312. 一次溢油会造成多少损失?

自1967年美国的"托雷·卡尼翁"号油轮在英国英吉利海峡遇难11年后,几乎在同一海域又发生了一起更为严重的海上溢油事故。1978年3月,总吨位为22.368万吨的"阿莫科·卡迪兹"号油轮,从伊朗哈克尔岛装满原油,向荷兰的鹿特丹港行驶。3月16日下午,在英吉利海峡入口遇到风暴,轮机失灵,油轮失控,当晚11时18分触礁破裂。油轮破裂外泄的原油,18日晚就漂到了法国的布列斯特海岸,污染了长达110千米的海岸线。28日"阿莫科·卡迪兹"号油轮被炸沉没,船上所载近23万吨原油全部倾入大海。

这次海难事故的污油,沿海岸线形成了宽约2000米,长200多千米的巨大油膜带,有7万~8万吨污油漂上了海滩,渗入沙滩深度达50厘米~80厘米,在沿岸4000米的海域内,4个月没有见到活着的浮游生物,造成的经济损失约达15亿美元。

313. 世界上最严重的海上井喷发生在何时？

除了油轮海上事故溢油以外，海上油井的井喷事故给海水造成的污染也是十分严重的。世界上最严重的一起海上油井井喷事故是1979年6月3日清晨在墨西哥湾发生的，这次井喷前后持续了296天，漏油总量为476万吨，使美国得克萨斯州225千米的海岸遭到严重污染。

314. 谁该对20世纪末最大的石油污染事件负责？

历史刚进入20世纪的最后10年，熊熊的战争烈火就在中东波斯湾沿岸燃起了，这就是海湾战争。它不仅给人类带来了世代难以弥合的情感伤害和巨大的经济损失，也给这个世界带来了史无前例的严重海洋污染。

海边人工除油

在海湾战争期间，有727口油井被燃起火，最多时一天烧掉价值1亿美元的80万吨原油，每小时喷发二氧化硫1900吨。这次战争使科威特被烧毁原油约5000万吨,泄入海洋的石油超过100万吨。战争开始的短短4天里,就在海面上形成了一条长50千米、宽13千米的油带,并以每天24千米的速度向深海和沿岸延伸。昔日游人熙攘、碧波荡漾、鸟语花香的波斯湾沿岸,上空被石油燃烧的浓浓黑烟笼罩,海面上滚淌着厚厚的油浆,大批"黑色"的海鸟在浮油中苦苦挣扎,大量的鱼虾贝藻等海洋动植物死亡,在海滩上油污致死的海洋动物尸横遍地、随处可见。据估计,这场灾难给世界造成的经济损失多达1000多亿美元,而要使海洋消化掉这场战争引起的石油污染灾难至少要50年的时间。

这场战争是以伊拉克入侵科威特为导火索,最后以美国的强行介入,并以伊拉克的惨败而结束的。战争是结束了,可给海洋留下50多年的重大石油污染灾难却该由谁来承担责任呢?

315. 哪种污染物对海洋破坏最普遍、最严重?

地球上每年的生物生产量有多少呢?有人粗略估算过,它约有1540亿吨!其中,海洋生物就占1350亿吨。但是,目前人们每年从海洋中获得的水产品总量还不足7000万吨,只占海洋生产能力的万分之五左右。海洋是人类食品和原料的重要来源,但是,由于海洋被污染,这些来自海洋的食品和原料也面临被污染和灭绝的威胁。在这些污染物中影响最普遍、最严重的就数石油了。

每年进入海洋中的石油有1000万吨。这些进入海洋中的石油在海浪、海流的作用下扩散成很薄的油膜覆盖在海洋表面,不仅隔绝了大气与海水的气体交换,也由于自身的生物分解和氧化作用消耗掉海水中的氧气,从而造成海水中氧气含量的大量下降,使海水的质量变坏,影响了成鱼的生存、洄游,又对仔鱼的发育造成威胁。例如1967年3月,"托雷·卡尼翁"号巨型油轮在英吉利海峡触礁,10万余吨原油倾入了大海。仅这一件溢油事故就使这一带鲱鱼的幼鱼濒于绝迹,鱼卵的死亡率也高达50%以上。

316. 什么是黑色灾难?

阿拉斯加是美国最大的渔业基地,全国海产品的一半产自这里,最著名的鲑鱼是这里的特产鱼种。阿拉斯加又是全球最具吸引力的野生动物保护区和旅游胜地,它长达4.5万千米的海岸线上,很多地段几乎处于原始状态。

然而,在1989年3月的一天,美国"埃克森·瓦尔迪兹"号超级油轮,装载着100万桶原油,离港不久就偏离航线,撞到了礁石上,顿时,黑乎乎的原油开始从巨大的裂口处涌向海面。仅两天时间,溢漏的4.5万吨石油已把900平方千米的海域全部覆盖。在风、浪和海流作用下,油膜飞溅到海岛的礁石上,森林的树梢上。一直保持自然状态的海岸山坡像被黑漆涂过一样,黑色的油雨从原始森林的树梢沿着树干流淌,平滑的海面上反射幽幽的黑光。终年生长在此的生物,从微小的藻类植物到高等的哺乳动物,无一幸免。10000多只海獭惨遭灭顶之灾;上万只海鸟陈尸海滩;成批的海豹一次又一次跃出水面,试图甩掉皮毛上的油污,但最终因筋疲力尽,沉入海底而死亡;像海象、鲸鱼类的大型海洋哺乳动物也惨遭同样下场。对这一骇人听闻的黑色灾难负责的是美国埃克森公司,仅此一次该公司就向阿拉斯加州政府赔偿损失10亿美元,创世界石油污染事故赔偿之最。除此之外,它还花费了数十亿美元来消除海域油污,但收效并不明显。

317. 谁使设得兰群岛逃过一场油污浩劫?

1993年1月5日清晨,英国设得兰群岛正遭受着12级飓风的猛烈袭击。此时此刻,呼啸的海风又将漂泊在离岸15千米海面的"布莱尔"号油轮推上了暗礁。船触暗礁石油飞溅,船上上万吨原油顷刻间高速向海岛方向涌来。海岛危在旦夕,形势万分危急。岛上海岸防卫队急电伦敦海运大臣、交通部及苏格兰的各级政府官员们。在随即成立的联合应急中心的协调指挥下,事发8个小时内,救灾所需的飞机、船只、设备、试剂以及抢救海洋动物的志愿人员都已整装待发。但是,就在狂风巨浪还在袭击该岛之时,又一场更强的风暴正在酝酿之中。由于连续不断的恶劣气候影响,使刚刚开始的救灾工作被迫停止。真是祸不单行啊!

然而,令人惊奇的事情发生了。本次事件之初,海面漂浮的石油尽管严重污染沿岸的崖石、沙滩和沿岸水域,但事发后没过10天,横扫海面的油污竟然烟消云散了,整个海岸清洁如初,这场恶性油污事故几乎未留下任何危害的痕迹。岛上的居民疑惑了,专家们惊讶了。后来,经过详细调查才发现,原来是海面上的微生物吃掉了油污,是细菌使该岛免遭了一次劫难。

318. 我国海域溢油事故有多少?

国外海上溢油事故骇人听闻,危害久远,那么,我国的情况又如何呢?据统计,1973—2006年间,我国沿海水域共发生大小船舶溢油事故2635起。其中,溢油50吨以上的重大船舶溢油事故共69起,溢油总量达37077吨。这种溢油事故平均每年发生2起,每起污染事故平均溢油量达537吨。特别是自2005年以来,全国沿海和内河水域共发生的船舶污染事故多达253起。较大船舶油污事故也时有发生,其中溢油量50吨以上的事故就有9起。这些频发的溢油事故给环境造成极大的危害,同时,经济损失也难以估量。

319. 我国最严重的近海石油污染事故发生在哪一年?

习惯于初冬季节在清澈海水中冬游,在金黄色海滩晨练的青岛人,怎么也想不到一场原油污染事故就在他们眼前发生了。那是1983年11月25日18时47分,一艘巴拿马籍香港油轮——"东方大使"号,刚刚在岛城对岸黄岛油运码头装满43943吨原油,离开码头行驶还不

被污染了的海水

足半个小时,就在胶州湾出口处触礁,船体顷刻间破裂,船体中巨大的裂口处喷射出3343吨原油来,迅速向附近海面扩散。这次溢油事故受污染面积波及整个胶州湾水

域和青岛海滨,受污染的黄金海岸线达230千米,污染浴场面积6万平方米,礁石、滩涂油污面积90万平方米,沿海水产养殖场、码头、军事设施、海滨景区无一幸免,事故造成的经济损失达2800万元。这是至今发生在我国近海海域最严重的一次石油污染事故。

320. 黄岛油库爆炸是怎么发生的?

1989年8月12日上午10时许,青岛市黄岛开发区上空乌云密布,电闪雷鸣,下了一场瓢泼大雨。可转眼间雨过天晴,天空碧蓝,万象清新,大地又恢复了原有的平静。忽然,黄岛油库上空浓烟滚滚,火光冲天,时而传来几声沉闷的爆炸声。转眼间,刺耳的消防警笛声四面响起,海上的救护船只、空中的抢险飞机、地上扑火救灾的职工和群众一齐奔向火场,一场惊心动魄的扑火护油保卫战打响了。

后来查明,这次中国历史上罕见的油运码头的油库爆炸,是由于老罐区一油罐遭雷击率先爆炸起火引起的,随后又有4个油罐也相继爆炸,罐内4万吨原油起火燃烧。为扑灭这场大火,青岛市共组织了2204名消防干警,159辆灭火车辆,动用飞机10架,船只19艘投入现场扑救。为扑灭烈火,18名消防战士和油库职工献出了宝贵的生命。这次油库爆炸,流出库区的原油达830吨,其中有630吨直接排入了胶州湾及沿海水域,造成了一次大面积海上石油污染,2000亩水面海水养殖物80%受原油污染,市区海水浴场被迫关闭,给人民生活和经济带来严重影响和损失。

321. 海洋放射性污染对人体危害有多大？

放射性污染是指自然界中具有放射特性的物质（如：化学物质铀、铯、锶等）造成的污染，它们不稳定的原子核中能自发地放出射线来，这些射线会造成周围环境的破坏。就海洋的放射性污染来说，大多数来自于核试验、核动力舰船等产生的放射性物质。如果人长期食用被放射性物质污染的海产品，就会患有放射线病。这种病一旦发生就会使人体的造血系统、心脏系统、内分泌系统和神经系统受到明显损害。它除了会引发多种癌变外，在人体内潜伏期又很长，可能在一代或几代人以后才爆发出病症，导致后代先天性畸形或大量增加疾病的发病率。

322. 为什么人们会"谈核色变"？

人们为什么会"谈核色变"？看一下这些数据后你就

会明白了。

自从1945年世界上诞生核武器后,1954年第一艘核潜艇诞生,1961年第一艘核动力航空母舰下水。至今,世界上已有7个拥有核武器的国家,他们是美国、俄罗斯、英国、法国、印度、巴基斯坦和中国。目前,在大洋上游弋着400多艘核潜艇和舰船,600多台核反应堆在运转,数以千计的核鱼雷在严阵以待,其中美国和俄罗斯就占90%以上。仅据1986年统计显示,美国海军拥有"海神"核导弹256枚,"三叉戟I"型384枚,而前苏联海军拥有各型潜射导弹高达999枚。迄今为止,已在海上发生的核事故就有200余起,绝大多数还是核潜艇事故。由于核事故遗弃在各大洋海底的核弹头近50枚,核反应堆10余座。如果按前苏联K-19核潜艇上装备的核导弹,每枚携带140万吨当量的核弹,相当于广岛原子弹爆炸量的70倍计算,仅遗弃在海洋中核弹头的爆炸力就相当于3500个广岛原子弹。若将美、俄海军核导弹爆炸力加起来,这又相当于多少个广岛原子弹呢?

323. "比基尼"事件为什么影响久远?

比基尼是赤道附近南太平洋上的小岛,第二次世界大战以后,美国把它当成原子弹和氢弹的试验基地。从1946—1958年的12年里,美国竟在这个小岛上进行了23枚原子弹和氢弹的试验。威力最大的一枚氢弹是1954年3月1日试爆的。氢弹爆炸后的放射性物质沉降在了约200平方千米的洋面上,在距比基尼岛100千米的洋面正在捕鱼作业的一艘日本渔船上,23名船员无一幸免地全部出现核辐射症状,在事发后的两个半月里有300多艘在该岛附近活动的渔船也受到了辐射污染。

不仅如此,在核试验停止10年后,美国政府宣布:该岛已不再有危险了。可是,迁回岛内的居民,为了重建家园,他们栽下了大量的椰树和面包树,就在几年后开始收

海上核试验爆炸

获果实时才发现,果实中的放射性物质含量仍然很高。时至1978年,当有关部门对该岛居民进行普查时,还发现他们体内的放射性物质仍远远超标。据专家分析,要使该岛放射性物质污染降到安全标准以内,需要100年的时间。

324.核潜艇的归宿在哪里?

拥有核潜艇是国家军事现代化的重要标志之一,但由于核潜艇上核动力装置的辐射作用对自然、对人类产生的负面影响,使核潜艇退役后如何进行安全处理成了十分棘手的大问题。美国现在已经有5艘以上核潜艇退出现役亟待处理。实际上,对退役的核潜艇首先去除核燃料,剩余的放射素就是来自于反应堆金属结构上的残留物了。这些残留物也只有在金属结构被腐蚀后才可以

释放出来。而反应堆的壳体因腐蚀而被穿透,大约还需用100年的时间。尽管如此,人们还是要问:现在将它们放在何处最安全? 100年以后又该怎么办呢? 美国如何处置退役核潜艇? 美国海军部的高参们曾提出过三种处理方案:一是将放射性壳体部分和反应堆埋藏在国营陆上处理场;二是将核潜艇整体沉入预先选定的远离美国海岸的深海里;三是在未决定进行永久性处理之前,采取防护措施封存起来。最终议论的焦点仍旧落到了海洋。从经济方面考虑,直接沉入海底技术简单,操作方便,每艘潜艇要比陆地处理少花费190万美元;从安全角度讲,选择人类尚未开发利用,又没有未来资源开发潜力,远离人类活动区的海域。美国现在已经选定了两个进行该类试验研究的海区。一个是位于大西洋卡罗来纳的哈特拉斯角以东320千米,水深3962米~4877米处。另一个在太平洋,位于加利福尼亚的门多纳角以西260千米,水深4115米~4511米处。

但是,海洋是个活体,海洋有无数个未解之谜,退役核潜艇放到深海中的安全系数到底有多大,也同样是未解之谜。

325. 什么灾难掩盖了30年?

1992年,俄罗斯国防部《红星报》披露了一件与切尔诺贝利核电站核泄露事故类似的核灾难事故内幕。那是在1961年6月18日,前苏联为了与美国抗衡,派海军K-19核潜艇参加了代号为"极圈"的军事演习。在演习中,K-19核潜艇先是右反应堆的密封装置开裂,在反应堆内部200个大气压作用下,浓重的放射性水蒸气喷射出来。随即是右反应堆内两台离心泵全部损坏,高达800℃～900℃的放射性水蒸气开始向隔舱蔓延,致使反应堆随时都有爆炸的危险。

艇长扎捷耶夫深知装备有3枚核导弹(每枚导弹带140万吨当量的核弹头,相当于广岛原子弹爆炸量的70倍)、2座核反应堆和139名艇员的潜艇发生事故的严重后果。在紧要关头,他临危不惧,果断决定,沉着指挥。在命令全体艇员每人喝下100克烈性酒(以减少伽马射线的刺激)以后,冒着强核辐射的威胁,组织了一个8人志愿抢修小组,整整进行了一个半小时的艰难抢修。最终,潜艇是保住了,可8名抢修成员,因直接暴露在强烈的核辐射下,抢修一结束就直挺挺地躺着,无法动弹。3小时后,这些人都口吐白沫,头部流脓水,眼睛和嘴唇肿得无法看东西和说话,人已变得面目全非;两天之后,全部死在莫斯科的医院里。事后几年内,该艇上的另外6名军官和水兵也相继死去。其余艇员的命运则无从考证了。

326. 离我们最近的核潜艇遇难事件发生在何时?

世界历史上发生核潜艇海上遇难并不是新鲜事,但距我们最近的一次却引起了世界的关注。事情发生2000年8月13日早晨,载有118人的俄罗斯"库尔斯克"号核潜艇,在北莫尔斯克以北约100千米海域发生事故沉没。俄军方接受国际救援(英国、挪威),于8月21日宣布,全艇118名官兵全部遇难,俄总统宣布,8月21日为俄罗斯国难日。这次事件之所以受世人关注的原因有二：①这是首次核大国的核潜艇遇难后，向国际社会求助救援；②"库尔斯克"号核潜艇是俄罗斯海军最新舰艇之一，也是当今最现代化的大型多用途潜艇，专门用于摧毁敌方航空母舰，艇上装有24枚巡航导弹、32颗水雷和4个鱼雷发射器。但此事件不幸中的万幸是艇上没装载核武器。

327. 世上有让科学家预想不到的后悔事吗？

当今世界上，对科学工作者来说，没有比获得诺贝尔奖更荣耀的事了。可是，你能想到竟有得到这崇高的荣誉和丰厚奖金后却反而忏悔的科学家吗？他就是伟大的炸药发明家诺贝尔。他的发明在大大推动社会进步的同时也被大量用于战争、残害生命、摧毁文明，他对此感到震惊、懊悔和失望，临终前他将自己的全部遗产作为科学奖金，以其每年利息20万美元，奖励给对世界科学、文化与和平作出重大贡献的人们，这就是世界科学界最高奖——诺贝尔奖。还有一位德国化学家译德勒，1874年研制出了化学杀虫剂滴滴涕，为人类消除害虫提供了灵丹妙药，100多年里，由于滴滴涕的使用而使十几亿人免遭流行性疾病的侵扰，作为农药在农业生产上更是"功勋卓著"。可是，在1972年的联合国人类环境会议上却对其亮出了红牌，原因是滴滴涕在消除虫害的同时，也对人和动物造成了危害。

328. 哪一种农药对海洋造成危害最大?

据统计,到目前为止,全世界的化学农药已超过 1000 种,常用的有 300 种。这 300 多种中最有代表性的是有机氯农药,全世界有机氯农药年总产量为 20 万~30 万吨。由于有机氯农药中的滴滴涕的产量最高,使用范围也最广,因此对环境和海洋造成危害的程度也最严重。据 1977 年统计,全世界生产的滴滴涕累计产量已有 280 万~300 万吨。因此,滴滴涕称得上是对海洋环境危害最大的农药。

329. 海洋"空降"滴滴涕有多少?

有"空降"伞兵,空中"降雨",还有空降农药的吗?有的!但这并不是人类故意所为。大家知道,农药通常都是采用喷洒形式,使用中大约有 50% 的农药以微小雾滴的形式散布在空中。就是洒在农作物和土壤中的农药也会再度挥发进入到空气中。这些空气中的农药又会随尘埃或雨水一起逐渐沉降到地面和海面。你知道这种"空降"农药进入海里的总数有多少吗?有人实验过,1 平方千米的面积上,每年有 20 克滴滴涕沉降下来,每年直接沉降到世界海洋中的滴滴涕达 2.4 万吨。通过陆地河流进入的也超过 1 万吨。在世界生产的 280 万吨滴滴涕中,现在有四分之一,约 70 万吨跑进了海洋,而且以"空降"为主。

330. 世界上真正的"净土"在哪里?

也不知道从什么时候起,人们对南极大陆环境质量感慨万分,并向世人提议:要爱护南极的生态环境,保住地球仅剩的唯一一块净土。世界上真的还有"净土"吗?像滴滴涕等化学农药,它们主要是通过大气进行传播,世界上几乎每一个角落都可能有它们的足迹。早在1966年,人们就最先从南极的企鹅蛋中发现了滴滴涕的存在,随后在企鹅体内不仅发现了滴滴涕,还有其他的农药成分。后来在北极的北极熊、海豹等动物体内,甚至极地的冰雪中也发现同样的化学农药。现在我们要问,世界上还有真正的"净土"存在吗?

南极大气观测

331. 海洋污染会对海洋生物造成何种危害?

研究表明,从20世纪70年代起,包括珊瑚、鲸在内的多种海洋生物的患病率持续上升,这已经引起世界科学界的普遍担心。美国康奈尔大学的研究人员对20世纪70年代以来九大类海洋生物的数量和疾病发展状况进行了比较研究。他们发现:海龟、珊瑚、海洋哺乳动物以及海胆和牡蛎等软体动物的发病率持续上升,而鲨鱼、虾和海菜类的发病率相对稳定,鱼类的发病率则略有下降。研究表明,鲸和海豹易遭新病毒感染,珊瑚会因真菌感染大面积死亡,而携带病毒和寄生虫的沙西鱼则对牡蛎、扇贝和蛤蜊形成严重威胁。这些受到海水污染侵害的海洋生物,又会通过食物链间接威胁到人类的健康。由此可见,保持海水的洁净对海洋生物乃至我们人类自己有多么的重要。

332. 海鸟为什么会灭绝?

实际上,农药对海洋动物的毒害主要是慢性的、全方位的。它对生活在水中的动物从胚胎、产卵、幼仔到长成的全部生长期都会发生毒害作用,甚至成鱼的制品也会残留有毒的农药成分。农药对鸟类的毒害同样十分严重。海鸟食用了有毒的鱼、虾、贝类后,不仅鸟蛋的蛋壳变薄,不能正常孵化,就连蛋壳中、蛋液中都有有毒的成分存在。这样的鸟蛋几乎无法孵化,即使孵化出幼鸟也难以成活。有人统计过,由于环境的污染,尤其是化学农药对环境的污染,世界上有近100种海鸟已经灭绝,另有200多种也濒于灭绝,这些海鸟的真正杀手也是农药。

333. 谁是毒害贝类的凶手?

1962年夏季,日本九州有明海沿岸的水田中撒了一种化学农药,叫五氯苯酚。几小时后突然大雨倾盆,雨水将刚刚喷洒的农药几乎全部冲到了海里,使长崎、福冈、佐贺、熊本四县沿海水域中的贝类全军覆没。退潮后的情景惨不忍睹,沿海滩涂死贝尸横遍野,腥臭气味扑面刺鼻。海贝成了无辜受害者，凶手却是用于杀灭农业害虫的农药。

334. 海洋会报复人类吗？

癌症，人类最恐惧的病症已经悄悄地从海上登陆，这是科学家给人类敲响的警钟。由于工农业的污染物进入海洋后，经过海洋生物体内的富集作用，再通过食物链进入到人体，巨大的疾病隐患就此在人体内扎下了根。据测算，散布在大气中的农药滴滴涕浓度仅为 0.000003 毫克/升，当降落到海水中被浮游生物所吞食，在浮游生物体内可富集到 0.04 毫克/升，小鱼吞食了浮游生物，大鱼再把小鱼吃掉，最后在大鱼体内的滴滴涕浓度就变成了 2.0 毫克/升，富集了 57.2 万倍。人又不断地进食这样的鱼类，哪有不生病的道理。

据医学专家分析,癌症患者中由病毒引起的不到5％,由放射性引起的也不到5％,而由化学物质引起的占90％,可见被化学物质污染的海水,对人类的报复是残酷无情的。

335. "汞"怎么会引起世界的震惊?

一个仅有40000居民的小镇,几年中先后有10000余人患上了口齿不清,面目发呆,手脚发抖,精神失常病症。这些病人后来久治不愈,全身弯曲,悲惨地死去了。你能想象出是什么样的恶魔引发了如此惨烈的后果吗?

事情发生在20世纪50年代初,日本九州岛南部熊水县有个水俣镇,镇上有家醋酸厂,在生产中使用化学药品氯化汞和硫酸汞作为催化剂。这些用过的催化剂被全部随废水排进附近的水俣湾内,大部分就沉淀在海湾底下的泥土里。起初工厂选用的催化剂本身虽然有毒,但毒性并不太大。可是,这些毒性不大的物质在海底的泥里却与一种特殊的细菌发生了作用,生成了毒性十分强烈的甲基汞。这些甲基汞在水俣湾的生物体内被大量富集,水俣镇的居民们又长期食用这些含有大量甲基汞的海洋生物,怎么能不出现大批居民的中毒现象呢?

水俣镇案只是重金属对海洋污染造成公害的一例,而其他重金属如镉、钴、铜、锌、铬以及非金属砷,它们的许多化学性质都与汞相近,也都会有引发类似中毒事件的危险。

336. 为什么会出现"哎唷——哎唷病"?

"哎唷——哎唷病",也叫"骨痛病",它是 1910 年在日本富山县一带发生的一种病因不明的奇怪病。患者大多是已有多个子女的中老年妇女,发病后全身疼痛难忍,大腿痉挛,走起路来左晃右摆,骨骼老化,甚至稍有碰撞就会引起骨折,病情严重者可被折磨致死。当地人把这种怪病叫作"哎唷——哎唷病"。后来,这种病竟成了日本的公害病,先后在富山县、群马县、长崎县等地都有发生,危害时间长达 50 年之久,患病人数 280 多人,死亡 34 人,潜在患者 1000 多人。那么病因到底在哪里?日本政府对此十分重视,1961 年成立了专门委员会进行研究,直到 1968 年才终于查明,该病是由重金属镉污染造成的。原来,在日本神通川上游的神冈矿业所,把含有大量重金属镉的污水排进神通川,居住在神通川中下游的农民常年引用这条河水灌溉水稻,因此,镉不仅污染了水源和土壤,也污染了水稻等农作物,进而被摄入人体,引发了此病。

337. 海洋的负担有多重?

全世界每年到底产生多少垃圾,这可是个很难统计的数字。不过,美国是世界上公认的垃圾产量最多的国家,每年垃圾总量13亿多吨。日本是3000多万吨,英国是3400万吨。连我国最大的沿海城市上海,每年也要产生垃圾183万吨。当然,不是说陆地上的垃圾一定都会进入海洋,但可以肯定的讲,凡是陆上有的,海洋中几乎是品种齐全。对于进入海洋中的垃圾污染问题,专家们认为:每年有700万吨垃圾倒入海洋里,其中1‰是塑料。世界上每天有几十万只塑料瓶,每年有几百万磅塑料被商船、渔民和海滨游客有意无意地扔进大海。仅全世界商船每天扔进海里的塑料容器就达到5000万只之多。

338. 谁最早向海洋倾废?

历史上最早带头向海洋倾废的是谁?据资料查证,是美国。它在1875年时,在南卡罗来纳州的查尔斯顿就开始向海里倾倒酸液泥,开了向海洋倾废的先河。除此之外,美国还在其他7个地区开展海洋倾废活动。更让人难以置信的是,世界上第一个带头向海洋倾倒放射性废弃物的也是美国,事情发生在1946年,在离加利福尼亚海岸80千米处的东北太平洋上。

339. 谁更应该对海洋环境负责?

现代工农业的快速发展是加剧海洋环境污染的重要

原因。据资料数据显示：美国早在1973年底,就已经在海上划定了118处倾废场,每年向海洋倾倒的废弃物达6000多万吨;每年在普吉特海峡向海里倾倒化学药品有20万吨;它还在墨西哥湾倾倒了散装化学药品110多万吨;在加利福尼亚南部海域倾入垃圾及失效弹药混杂物600多万吨。英国每年仅在周边海域倾倒的废矿浆就达100余万吨,还在大西洋多次倾倒过许多固体废物和多氯联苯农药等化学品。德国曾经把生产塑料和农药的大批废弃物装进容器,非法倒入了大西洋。日本不仅把大量的工业生产废弃物倾倒在海里,同时还把大量的多氯联

苯废渣倾倒在公海里。西欧国家也先后将1.1万吨放射性废物装入35000多个容器,沉入大西洋底,欧洲原子能机构也多次向大西洋投放了含放射性固体废料。据40年的数据统计,仅倾倒在波罗的海的罐装砷化物(剧毒)就达7000多吨,其毒性足以使现有地球上所有人员死过

三次。由此看来,世界上的一些发达国家应对海洋环境污染负主要责任。

340. 我国向海洋倾废情况如何?

实际上,我国向海洋倾废的活动也有较长的历史,最早的一次是1883年上海吴淞口外沙的疏浚,当时将疏浚物全部倾倒在吴淞口外海域。目前我国每年向海洋倾倒的废弃物数量有5000立方米～6000立方米。根据海洋倾废的控制和管理,重点是禁止向海洋倾倒有害废弃物,一些海洋可以接受的低毒无害废弃物向海洋倾倒时,也应该选好合适地点,做好安全防范工作。那么具体该如何操作,我国在已颁布的海洋倾废法规中有多达十多条原则性要求。我国自1986—1997年经国务院批准共划出了39处海洋倾废区,倾废物主要是港口、航道及海岸工程的疏浚物,对部分三类工业废弃物,如粉煤灰、碱渣等也进行实验性倾倒。

341. "东方瑞士"优势还可持续多久?

青岛,素有"东方瑞士"之美称,红瓦绿树,碧海蓝天,令世人所向往。但是,你可知道,就在这美丽岛城西侧的胶州湾里却收容着沿岸800多家工厂排出的有毒废水和废渣。每年向这里排放的工业废水7000多万吨,含有各种污染物多达8000吨,生活污水1600万吨,岸边堆放的工业废渣35万吨。污染造成沧口海滩生物种类锐减,速度惊人,已从20世纪60年代初的141种减少到20世纪80年代的17种。由于工业废渣的倾倒填海,胶州湾水域正以平均每年22平方千米的速度在缩小。你知道现在胶州湾的纳潮量比1935年小了多少吗？缩小了三分之一。面积由1928年的560平方千米减少到现在不足362平方千米，缩小了近一半。如此下去，再有几十年，胶州湾还会存在吗？青岛还能有今天的光彩吗？

青岛美景

342. 世界上污染最严重的海域是哪一个？

在全世界受人类活动影响较大的50多个海域中，其中有6个被认为是有代表性的污染海域，它们是波罗的海、地中海、黑海、里海和中国的黄海、南海。而黑海是世界上污染最重的海域。

343. 为什么说黑海已面临"死亡"？

黑海的污染主要是因黑海上游的各条河流将农业用

化肥残余,以及沿海城市大量垃圾、粪便排入造成的。流入黑海的主要河流有多瑙河、德涅斯特河和第聂伯河。多瑙河是欧洲最大的河,全长2840千米,流经8个国家,汇集的上游支流有300条之多,每年排入黑海的污染物超过200万吨。德涅斯特河流经乌克兰产粮地区,河水中的硝酸盐、磷酸盐含量大大超标。第聂伯河是1986年苏联切尔诺贝利核电站爆炸事故污染重灾区。多年来,由于上游河水流域多抽水灌溉农田,导致注入黑海的淡水量日趋减少,污染物却浓度加大,加上几乎没有汛期的特殊地理因素,黑海80%以上的水域已经变成海洋生物无法生存的死水。近十几年来,黑海每年的捕鱼量已从百万吨下降到10万吨,经济损失已超过10亿美元,难怪人们惊呼:黑海已面临死亡!

344. 地中海会再次"死亡"吗?

地中海是世界上最大的陆间海,它位于欧洲、亚洲、非洲三大洲之间,由利古里亚海、第勒尼安海、亚得里亚海、爱奥尼亚海、爱琴海等构成,总面积为250.5万平方千米。像这么大面积的海洋怎么会死亡呢?

海洋地质学家的研究证明,早在600万年以前,地中海曾经干涸过,当时受哪些因素的影响,还有待科学家们的研究和发现。那么,将来可能发生的再次"死亡",就主要是现代人对它的所作所为了。地中海沿岸分布着许多发达国家,其中就包括法国、英国、意大利。这些国家每年向地中海倾倒的生活垃圾约50万吨,由于油船相撞或石油溢漏排入的燃油约有65万吨,流入海内的农业生产用化肥约 500 吨,沿岸国家工业生产排放的大量重金属污染物经江河、湖泊,随之也都流入地中海。一个有限的海域怎能承受得了每年有这么大量的污染物质涌入呢?今天的地中海沿岸已有 25% 地区受到严重污染,25000 多种植物面临绝迹,意大利 7.6% 的海岸已经正式禁止游泳。如果不严格控制污染,地中海的再次"死亡"只是一个时间问题。

345. 我国近岸海域水污染情况如何?

我国近岸海水污染范围不断扩大,污染速度日趋严重,仅沿岸工厂和城市直接排入大海的污水每年就达 100 亿吨左右,主要有害有毒物质多达 150 万吨,每年还以约 7% 的速度在增长。据 2007 年的监测数据统计,污水排海总量约为 359 亿吨。如此继续下去,近海渔业资源、生物种类还将锐减,水产品质量下降,滩涂大片荒废就在所难免了。

海边垃圾场

346. 我国哪个海区污染最重？

在世界污染最重的"黑名单"上，前6名中我国就占了两个，这就是我国的黄海和南海。我国的黄海海域是半封闭型的陆架浅海，入海河流中年流量超过1亿立方米的有10多条。这些河流昼夜不停地输送着上游农田的化肥残余和人们活动产生的废物和垃圾；近岸迅速发展的工业企业，日夜不停地排放出大量的废液、废渣，造成突出的工业污染。黄海又是东北亚的主要海上通道之一，邻近的主要港口进出口物资总量已远超5亿吨，船舶排污和石油开发产生的污染正日益加剧；已经出现海洋生物品种锐减，渔业产量急剧下降，个别水域已无鱼可捕，赤潮现象频繁发生的严重局面。我国的南海海域的污染程度也与黄海相似。

347. 什么是海洋的自净能力？

自古以来，地球上人类生活、生产所产生的大量废弃物质最终都归入大海，这不仅没有改变海洋的本来面貌，也没有人提出类似于海洋污染的问题。可是，最近这50年来，不仅海洋污染被提出来了，而且，保护海洋环境不受污染的呼声也越来越强烈，这到底是怎么回事？是大海开始"翻脸"，不接受来自陆地的废物呢？还是人类的文明水平提高到已经开始对自己的行为要求更加苛刻？实际上两者都不是。原来，海洋自身有一种自净能力，当进入海洋中的废弃物、有毒物不多时，他们经过海水中的生物、化学、物理等综合作用，逐渐被分解掉，有毒的变成无毒的,有害的变成无害的。近些年来的情况就不同了,大量的污水、废物、石油、化学物质排进海洋,已经远远地超过了海洋自身可以净化的能力。就像人体正常情况只能吃一碗饭,可你偏偏要强行吃两碗,其结果怎么样?相关的肠胃并发症都会由此产生。现在不是问大海怎么了,而是要反省人类自身的行为。

348. "富集"会使人们更聪明吗?

"富集"作用是化学工作者比较熟悉的概念。如果要测定一杯水中的一种化学成分,这种化学成分少到无法测定时,你就可以找到一种能把它吸附到一起的物体(富集物)放到水杯中,被测物就像吸磁石吸针钉一样被集中起来。然后,再将这一物体放入一个较小的水杯中,被测物溶出后再进行测定,就可以得到所要的结果了。这种把低浓度物质集中到一起的作用就是富集作用。

在海洋中生存的各类水产品,它们如同性质不同的富集物,有选择地把海水中的有毒物质成倍,甚至是成百倍,上千倍地富集到自己体内。如果最终人们又把这类水产品吃掉了,那会是一种什么样的结果呢?

349. 污染对海洋生物危害有多大?

海洋一旦遭受污染,首当其冲受到危害的就是海洋生物。由于污染致使海洋生态环境日趋恶化,许多地区的海洋生物生长和繁殖受到损害,有的生物种群已经灭绝或消失。日本的某些海域出现了多种畸形的海洋生物,如无尾巴的带鱼,身上长满肉瘤的海螺。著名的波罗的海已有多种鱼类绝迹,无生物区域在迅速扩大,"海洋荒漠"化在步步逼近。我国黄海的胶州湾潮间带生物种群变化现象就十分惊人。该海域20世纪60年代有海洋生物171种,至20世纪70年代已降到了30种,而到了20世纪80年代以后仅剩下17种了。20年内竟有154种海洋生物灭绝或消失,20年后又会是个什么样呢?

350. 谁"镇"住了上海人？

在 1988 年春节前后，上海的大街小巷突然失去了往年那种喜气洋洋、欢声笑语的节庆气氛，一场史无前例的甲型肝炎骤然在上海拥挤的人口中爆发，近 30 万患者，使 36 家大小医院人满为患。恐惧、疑惑笼罩在上海人的心头，同时，上海以外的一些地区，对上海人的到访，也以"分餐制"、"以揖代礼"的方式实行特殊"关照"，真的把个上海人实实在在地"镇"了一把。

谁是这次事件的元凶呢？上海人遭了一次"洋"罪，可忙坏了国内的医学界、科技界人士。经过全面的分析、调查、诊断，最后把引发事件的焦点确定在江苏启东的毛蚶身上。实际上，启东的毛蚶也只不过是个替罪羊而已。它主要以滤食水中硅藻为生，只要海洋环境清洁，它自身既不会产生十恶不赦的甲肝病毒，也绝不会成为病毒的携带者。

甲肝的流行，不是单一的原因。城市管理不善，将含传染病原体的污水排放入海，而后，被毛蚶滤食积累是重要原因；用污染了的运输工具装运毛蚶是原因之二；上海人偏爱食用半生的、鲜红的蚶肉，不也是引发甲肝的重要原因之一吗？当然，发现毛蚶有病毒污染，暂不食用是上策。但是，久而久之，谁还能抵得住那肥大、鲜美蚶肉的诱惑？要想解食蚶之瘾，恐怕只能从制止海水污染入手。

351. "海蛎子味"如何得名？

我国北方沿海城市大连，有一处湾阔水深，山清水秀

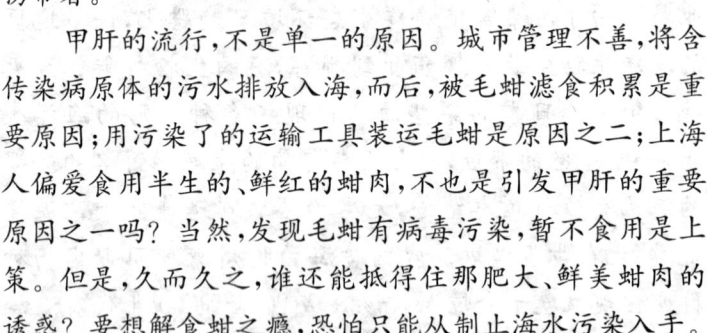

的美丽港湾——大连港,当地人不仅为生在此地而自豪,还为那具有"海蛎子味"的乡音而自豪。那么,这一"海蛎子味"是因何而得名的呢?原来,大连湾自古以来盛产海参、鲍鱼、牡蛎等各种海产品,尤其是湾里的牡蛎(俗称"海蛎子")个大、体肥、味美。一只牡蛎挖出来的肉竟有乒乓球那么大呢。生物学家为防冒名顶替,怕败坏它的名声,特地用当地的地名把这种牡蛎命名为"大连湾"牡蛎。而当地人更以这种特产为荣,干脆把自己的乡音也叫作"海蛎子味"了。

352."海鲜"为什么不鲜了?

大连的"海蛎子味"多少年来一直吸引着天南地北的游人,许多外地人为之慕名而来,为之倾倒,流连忘返。但是,也不知从何年何月开始,反正时间不太长,大连湾里的海蛎子吃起来有一股异味,更确切一点就是柴油味,起初油味并不浓,可后来这味道越来越重,煮熟后的海蛎子在开锅的一瞬间,简直臭气刺鼻,谁还能吃呀?不仅如此,后来在此捕到的鱼、贝、蟹等海鲜都有同样的味道。

"海鲜"为什么不鲜?"海蛎子味"怎么会变臭?科学家根据实地考察和分析测试给出了明确答复,这就是海水石油污染的恶果。

353."海鲜"为什么会发臭?

"海鲜"是否受到污染,从表面上是没法区分的。这就是经常发生的,被又大又肥的"海鲜"诱惑得不能自制的人们,将买回的海鲜加工后又无奈扔掉的原因。人们不仅要问,海水被石油污染到什么程度海鲜体内就会有油味呢?科学家们实验证明,每升海水中仅有0.01毫克(约是一滴水的二十五分之一)的石油,生活在这种海水中的鱼、贝等海鲜,24小时内就可粘上油味。而水中油的浓度再高10倍,鱼、贝类2小时~3小时就会发臭了。

354."海鲜"能比人更敏感吗?

生活在海边的人,经常会有这种感觉,看起来海水仍是那么清澈湛蓝,既无污染也无异味,可从这里捕捉的海鲜有时却具有不同的异味,这是不是人体耐水质污染的敏感程度不如海鲜呢?事情是这样的:人与海水接触是短暂的,而海中生物则是以海水为生,它们每天要从海水中滤食足够的物质维持生命。就以曾经"威震"过上海人的毛蚶为例,它们在海底以滤食海水中的腐殖质和微生物为生,每只毛蚶一天能够过滤120升海水呢。一只小小的毛蚶每天能过滤这么大量的海水,如果海水中有极少量甲肝病毒,沙门氏菌、痢疾杆菌、嗜盐菌等致病微生物,也就会被毛蚶滤入体内很快积累下来。如果你又是一位嗜食"生"者,病毒不传染你那才算运气呢。

355. 食蛤中毒死了多少人?

我们已经知道,1988年3月上海的毛蚶中毒事件,累计30万人患上甲型肝炎,死亡31人。可你知道我国历史上第一次大规模食用海产品中毒事件发生在哪一年吗?那是早在1959年,发生在山东烟台某工厂的食用蛤蚶中毒事件,中毒人数超过1000人。

海水污染是世界性的,而食用海产品中毒现象也是世界性的,国外这方面中毒事件并不少见。早在1942年,日本某地就流行一次食用蛤仔中毒事件。中毒者一周后出现呕吐、头痛、皮下出血和黄疸等症状,严重者脑中毒死亡。这次事件的中毒人员虽仅有334人,而为食蛤殉难人数却达114人之多。

356. 你听说过海豹医院吗?

在荷兰的瓦丁海滨,有一个名叫皮塔比林的美丽村庄。在这个海滨小村里坐落着一个无论设备条件、医术水平,还是服务质量,在世界上都是绝无仅有的医院。这座医院从不收治其他病号,专门为身体受伤、患病的大小海豹诊病、治疗。令人惊讶的是,这座医院当时主要是由几个家庭主妇们自发组织筹建的,仅在1992年至1994年间就使60多头海豹康复出院,回归了海洋。这座世界瞩目的海豹医院,至今已有近百年的历史了。

357. 人体病毒会传给海洋动物吗？

从1988年春季起，仅半年的时间，在欧洲北海沿岸已有18000多头海豹抛尸海滩。这一史无前例的悲惨场面震惊了世界海洋生物学界。是谁杀死了海豹？

当时任荷兰乌得勒国立免疫生物学研究所所长的奥斯塔夫教授心急如焚，他成立了一个专门研究小组，深入海岸现场进行实验研究。终于，他们发现，制造这次惨案的不仅仅是一般的细菌感染，更重要的是，还有4种危害极大的病毒——疱疹病毒、犬热病病毒、艾滋病病毒和麻疹病毒在其中起了决定性的作用。正是这些人体病毒在海洋中的传播，酿成了这次惨剧。

358. 塑料怎么会成了海洋动物的杀手？

动物学家们发现了一件怪事，自20世纪70年代中期开始，白令海的普里比洛夫群岛上的海狗数量，每年平均减少了4%～6%。这是个什么数字？是40000只啊！对这个惊人的数字，许多人在调查后得出结论，杀害海狗的罪魁是塑料制成的废弃渔网、袋、瓶、杯、桶等物质。

人类每年把数千万吨垃圾倒入海洋，其中塑料垃圾占1%，在海面漂浮物中86%是塑料废弃物。这些废弃物或直接、或经风化形成碎屑进入海洋，他们外形酷似浮在水面上的浮游生物或鱼卵，无论是水中的动物，还是天空飞翔的海鸟，他们都会把这些废弃物作为美味佳肴去追啄和觅食。特别是大型海洋动物，经常会被塑料套住脖子、缠住嘴巴，捆住"手脚"；有的会大量地吞食，最终不是被直接致伤而死,就是由于营养不良或引发其他并发症而死亡。

在油污中挣扎的海鸟

虽然1987年国际上通过了禁止海上船只向公海倾倒垃圾的公约,对塑料垃圾入海有了严格规定,但是,塑料垃圾入海的途径可不仅仅是海港、码头和船只。防线应该扩大到整个海洋沿岸人群能涉及的任何地方。

359. 鲸鱼为什么会集体自杀?

你知道在18世纪80年代以前鲸类自杀数量最多的是哪一次吗?那是1784年,在法国奥捷连恩湾的沙滩上,一次就有3000多条抹香鲸集体自杀。

最近几十年里,类似的现象在其他地方也出现过,例如1982年在美国佛罗里达州的皮尔斯堡湾,有150多条逆戟鲸不顾死活地冲上海滩,结果全部丧命。1984年在加拿大欧斯峡海湾,有130多条抹香鲸不顾人们的阻挠,"奋不顾身"冲上海滩自杀。1985年在澳大利亚的塔斯马尼亚岛上的一个海滩,同样的惨剧再次发生,至少有160

条巨头鲸丧生。2003年11月,在澳大利亚南部又发生了超过100条巨头鲸集体自杀事件。

对鲸的集体自杀问题至今一直是未解之谜。1988年,美国波士顿大学海洋生物专家们在解剖了13条发生在各地集体自杀鲸后发现,这些鲸的胃中残留下来的磷虾中均含有一定数量的农药和杀虫剂,并且,不少鲸还患有多种疾病。因此他们认为:频繁发生的鲸鱼集体自杀与海洋污染有着密切的关系。

360. 有乌贼集体自杀的怪事吗?

海里的乌贼为什么会集体自杀?这桩怪事发生在1976年10月,美国的科得角海湾沿岸。历来平静安详的海岸,突然连续不断地有数以万计的乌贼蜂拥而至,它们拼命地跃上海岸"集体自杀",死去的乌贼尸体遍布了整个沿岸沙滩。然而,悲剧并未就此结束。11月份,同类事件又连续发生在美国的北卡罗纳州哈特勒斯角,加拿大的拉布拉多半岛和纽芬兰岛。这种规模浩大的乌贼集体登陆自杀事件,有的一天登陆的乌贼竟达10万只之多,按每只平均重340克计算,每天有数十吨的乌贼登陆死亡。直到12月中旬,持续了两个多月的悲剧才结束。那么,到底是什么原因致使乌贼惨遭祸殃?尽管这个谜底至今也没能揭开,但海洋学家们普遍认为,海洋自然环境的变化仍是这一事件发生的根源。

361. 海洋热污染是怎样发生的?

无论是火力发电站还是原子能发电站,在它们工作时都需要用大量的水来冷却工作系统,冷却水最后又都放回原处。由于大型火力电站所需冷却用水较多,特别是核电站用水量要比火电站还高40%(火力电站的一部分热量排到大气中了),所以,大多数核电站都建在沿海或离海较近的地方。大量的冷却水排入海里后,使得电站周边水域的海水大幅升温,破坏了原有的生态平衡,因而造成了热污染。

362. 噪音为何被视为海洋动物新杀手?

人类对海洋的污染不仅仅是污水和各类可以看得见、摸得着的污染物质,噪音也是危害海洋动物生命的重要因素,这是为什么呢?

原来,声音在水中的传播速度是1600米/秒,相当于空气中的4.7倍,而强度减弱的速度却慢得多。海洋动物同人类一样,喜欢有一个安静、优雅的环境和适宜的生活空间。它们有自己的特殊"语言"和交流方式在家族内部和种群之间传递信息,相互沟通,悠闲生活,繁衍生息。但是,随着人类社会的发展,陆地上迅速增大的噪音强度和辐射范围也不断向海洋的纵深扩散。更为严重的是,日益强大的海上运输船队日夜在海上往来穿梭;迅速扩大的海上石油、矿物开发,以及海底工程的爆破等,这些活动直接产生的噪声都是对海洋生物致命的伤害。因为,如果海水中噪音高于110分贝,就能压过鱼类发出的声音信号;噪音高于180分贝,许多海洋生物的内耳就会被破坏;而通常海底钻井活动的噪音已经高达200分贝了。这种高强度的噪音在海水中长时间的远距离传播,能不危害海洋动物的性命吗?

363. 为什么说珊瑚礁也是珍贵的资源?

海洋虽然广阔而浩瀚,但海洋并不是处处都有珊瑚生长,真正适合珊瑚生长的水域相对来说却是很狭窄的,它仅分布在北纬32.5度至南纬32度之间。由于决定珊瑚生存的首要条件是水温,适合珊瑚生存的温度最低不

海底珊瑚美景

能低于13℃,最高不得高过36℃,最适合温度是25℃～29℃之间。世界海域中珊瑚礁分布最集中的国家主要是澳大利亚和印度尼西亚以及太平洋上的美尼西亚群岛、密克罗尼西亚群岛和波利尼西亚群岛。此外,印度洋、大西洋的部分地区和我国南海诸群岛海域也是较理想的珊瑚生长的环境。由此可见,海洋适合珊瑚生长的环境是极为有限的。不仅如此,一座珊瑚礁的构成并不是百年、千年就能完成的,最年轻的珊瑚礁的构成也需要几千年的时间。

364. 珊瑚礁是如何遭到破坏的？

几千年形成的宝贵自然资源,现在正面临各种"天灾人祸"的侵蚀。一只40厘米大小的长棘海星,一天可以吃掉2平方米的珊瑚,它能把珊瑚的肉质刮吸干净,仅仅

留下白色的珊瑚骨骼,2只到3只长棘海星能很快毁灭100平方米的珊瑚。如果连续1个月以内海水温度平均比平常水温只高1℃,珊瑚虫就会难以生存而死亡消失。由于受厄尔尼诺现象影响,近些年许多海域水温已升至30℃以上,持续的时间也较长,使许多五光十色的珊瑚礁脱色、变白,这就是人们所说的"白色瘟疫"。不仅如此,人类还在不停地截采珊瑚,以获取高额利润,海洋污染仍在加剧,也导致大量珊瑚虫的死亡,使珊瑚礁受损雪上加霜。

365. 人类是怎样保护珊瑚礁的?

目前,科学家们已经确定了全球珊瑚礁十大重点保护区,这些保护区中海洋生物丰富多样,但也最容易遭受破坏,需要人们采取有力措施优先加以保护。

这十大保护区分别位于菲律宾、几内亚湾、印度尼西亚的巽他群岛、印度洋的南马斯克林群岛、南非东部、北印度洋、日本及中国南部、佛得角群岛、西加勒比海以及红海和亚丁湾。科学家们是在对多达3200多种海洋生物的活动范围进行认真调查后,才确定出这十个物种最为集中的珊瑚礁保护区域的。这十大保护区域在全球珊瑚礁总量中占到24%,占全球海洋总面积的0.017%。别看它只占全球海洋总面积很小一部分,它其中却包含了34%的海洋特有生物品种。

也许你会认为,海洋地理跨度之大,一望无际,人类活动根本就不可能威胁到海洋动植物的生存和生长。然而,有关十大珊瑚礁保护区的调查表明,即使是物种最为丰富的海洋生物栖息地,也存在着快速消失的危机。列出这十大保护区域,有助于提高人们对海洋生态环境的重视和保护。

366. 什么是赤潮?

"赤"是红的意思。赤潮,顾名思义就是红潮。能将蔚蓝色的海水变成红色,这红色的海水又随着潮起、潮落,显现出另一种美景奇观。为什么要把这种美景奇观划入环境污染之列,甚至有人把它视为海洋中的"洪水猛兽"呢？原来，海洋中赤潮出现后，海水中的浮游生物会飞快地繁殖起来，仅用一两天时间，繁殖起来的浮游生物就能将海水中溶解的氧气耗尽，能把这个海区的鱼、虾、贝类呼吸器官堵塞，造成大批海洋生物窒息死亡。不止如此，由于有些赤潮生物能分泌毒素，也有些赤潮生物死后能分解有毒物质继续危害其他海洋生物的生命。大量海洋生物死亡后还会使海水变得又腥又臭。

367. 赤潮一定是红色的吗？

海水中有一种浮游生物叫"夜光虫"，它本身是桃红色的，当海水中有机物和营养盐过多时，它会异常急剧繁殖；当聚集的密度达到一定程度时，海水的颜色变成了红色，如果发生这类赤潮，海水就是红色的。但实际上，能引发赤潮现象的海洋浮游生物有100多种，其中最常见的也有20多种呢！由于引起赤潮的海洋浮游生物的种类不同，赤潮呈现的海水颜色也不同。由夜光虫引起的赤潮呈绿色或褐色；而由膝沟藻引起的赤潮，海水的颜色并没有太大变化。由于在不同海域生存的海洋浮游生物种类有明显区别，所以，当赤潮现象真的发生时，海水的颜色差异就出现了。

368. 为什么会发生赤潮现象？

赤潮是一种海洋灾害现象，对于这种灾害现象，早在19世纪世界著名博物学家达尔文曾在航海生物考察时发现并进行了系统描述。世界许多沿海国家都先后不同程度的发生过赤潮。20世纪50年代至60年代，美国佛罗里达沿岸海域几乎年年都有赤潮发生。赤潮发生严重的年份,不仅大量的鱼虾蟹贝死亡,还殃及到海豚、海龟等大型海洋动物的生命。在日本,1975—1976年两年间,每年发生赤潮有300次之多。赤潮造成的经济损失,平均每年达到500亿日元,最严重年份达1158亿日元。

那么,赤潮发生的原因是什么呢?专家们认为:正常情况下,海洋浮游生物不容易形成赤潮。赤潮的发生与海洋污染的程度紧密相关。城市生活污水、工业废水大量向海水中排放是引起赤潮发生的根本原因。

防止赤潮发生是许多海洋学家十分关注的问题。目前,虽然对赤潮的危害和成因有了基本的了解,但对它的发生过程,以及与海洋环境其他因素的关系仍然是科学家们进一步探讨的问题。

369. 中国海域发生过赤潮吗？

赤潮的发生既然与海洋污染紧密相关，我国也就同样逃不过赤潮袭扰。我国首次有记载的赤潮是1933年在浙江镇海一带发生的。截至1997年，我国共发现较大规模的赤潮380起，近年来平均每年一二十起。仅以1998年为例，2月底，赤潮首先在南方肆虐至广东汕尾附近海域，致使多种养殖鱼类成片死亡。时至3月，赤潮开始大面积袭击深圳、珠海、香港的近海水域，给近海水产养殖造成直接经济损失上亿元。而最为严重的是下半年，大面积赤潮又在北方渤海湾水域发生，这次的受灾面积之广、持续时间之长、给沿海水产业造成的直接经济损失(5亿多元)之大，是我国有史以来的第一次。2001年，我国全年共发生赤潮77次，累计面积1.5万平方千米，造成经济损失10亿元。由此可见，强化水土流失和企业排污治理，已成为当务之急。

370. 什么叫红树林？

红树林并不是由"红树"成林而得名，它是红树植物群落的总称。该群落植物一般生长在热带、亚热带的河口、海岸、潮间带里。我国已知的红树林植物就有16科31种，在南方的一些省区，如海南、广东、广西

红树林

等都有红树林分布。

红树林属于"胎生"物种,即种子成熟后,先在树上萌发抽芽,然后离开母体而落地生根,长成幼树,或随水漂流,遇土而安,茁壮成长,故有"生命之树"的美誉。也是南方沿海固岸护堤保护海洋生态环境的优良物种。这就是红树林受到国际社会高度重视的根本原因,联合国还为此成立了专门的"国际红树林委员会"。

371. 为什么要保护红树林?

红树林是一种特殊的适宜在海水和咸水中生长的木本植物。在南方河口、海岸,凡是有红树林分布的地方,它们与周围的环境都能组成特殊的海洋生态系统。在那里处处都呈现出潮涨潮落、碧波荡漾、鱼虾成群、鸟语花香,一片生机盎然的景象。涨潮时,红树林便成了水下森林,只有较高的树梢和片片绿叶露在水面;退潮时,盘根错节的树干挺立浅滩,形态各异,十分壮观。根深叶茂的红树林不仅为鸟类提供了栖息、繁殖的天堂,也为海洋生物提供了安家落户的乐园。红树林除本身有其较高的实用价值之外,更重要的是它的根系能控制泥沙运动,防止波浪对海岸的冲击,有固岸保堤,保护海洋生态环境,促进海洋生态良性循环的重要作用。

然而,由红树林给人类创造的这种优良的自然环境在我国已十分少见。在我国的南方,20世纪50年代初还有红树林50多万公顷,时至今日只剩下1.5万公顷。人为的破坏,自然界的惩罚已使堤坝决口、海水泛滥、生态环境正在急剧恶化。保护红树林,恢复大自然,创造良好的生存空间的任务已经摆在我们青年一代的面前。只靠联合国的呼吁,国家建立几个自然保护区是不够的,更重要的是要用我们自己的双手去营造,去保护红树林,使它重新恢复生机,保护好海洋生态,建设好我们的家园。

372. 海底"雪花"哪里来?

大家知道,冬季的北国经常会雪花飘飘,大地上白雪皑皑,可你会想到在几百米深以下的海底也会出现雪花纷飞的景观吗?美国的一位海洋生物学家在乘深潜器对大洋深处进行考察时,发现了探照灯所照之处的海水中,映射出了雪花飞飘的神奇景象。深海为什么雪花纷飞?这种雪花到底是什么?这一现象引起了科学家的好奇,并把它作为海洋奥秘的重要内容进行研究。

经过研究发现,这种雪花不是别的,而是海洋中的各种生物体死亡后分解成的碎屑漂浮物,甚至由大陆冲刷进海洋的各种生物排泄物,都可能成为制造"海雪"的原料。把这些"海雪"取出来后,所看到的不过是些絮状松散的东西,既没有雪花那样洁白晶莹,又没有雪花那种美丽多姿。那么,在深海中所看到的"海雪"奇景是怎么回事呢?

373. 为什么会有"海雪"奇景?

好像每一个人都有这样一种经历,当一束明亮的阳光射进昏暗的房间里时,你可以看到光线所到之处空气中漂浮着许多灰尘,它们在阳光照射下闪闪发光,上下飞舞,飘忽不定,就有一点"雪花纷飞"的味道。同样,在黑暗的深海里,海水中的"尘埃",在深潜器探照灯的照射下,也会显现出闪烁着白光。由于光的折射作用,肉眼看到的物体比实际还要大,加上这些"尘埃"与海水的比重相仿,所以在海水中随流飘荡,深海中"雪花"纷飞的自然景观也就出现了。

374. 如何区别海水的质量好坏?

生活在海边的人们都会有一种体会:面向北的海区,在深秋季节,沿岸水面漂游杂物较多,而且混浊;而面向南的海区,盛夏季节,水质不如深秋。这是由于海水不仅自身的组成相当复杂,而且,海水的质量受外界条件的影响,也会发生各种不同的变化。要想直接利用海水或对某海域实施执法管理时,对海水质量的区别、划分和鉴定可就没那么简单了。

我国从1982年8月1日起,已经正式执行了由国务院颁布的《中华人民共和国海水水质标准》。这个标准将海水划分成三类:第一类适用于保护海洋生物和人类的安全利用,以及海上自然保护区;第二类适用于海水浴场及风景游览区;第三类适用于一般工业用水、港口水域和海洋开发作业区等。而衡量水质好坏包括的内容可不少呢!它们有:悬浮物质、漂浮物质、色、嗅、味、pH值、化学耗氧量、溶解氧、温度、大肠杆菌、病原体、底质及有害物等许多内容。其中对一些有害物质都规定了最高上限值。这个标准也就是海洋科学家进行水质调查分析和对海洋实施监督管理者的执法标准。

375. 海水的污染可以消除吗？

海洋位于地球最低层，人类活动所产生的一切废物，不论是丢弃在陆地上，散发到大气中，还是排放到江河里，最终由于风吹扩散、降雨冲刷、江河奔泻多数都汇集到了海洋。千万年以来，海洋以其宽阔的胸怀和宏大的吞吃能力，无奈地承受了一切外来的废弃物和污染物。但是，人们千万不可以忘记：世界人口在增加，废弃物、污染物在增加，而海洋的面积并没有扩大，它的宽容已接近于极限；而且，陆地上的污染物一旦进入海洋，要想再取出来，难于上青天哪！也就是说，海洋污染的消除是十分困难的。

376. 有什么办法可以消除海水污染？

是不是对所有发生的海水污染问题都没有办法处理了呢？这也不是，目前处理效果明显的要属海上突发性的石油污染了。一旦发生海上溢油事故，通常是将物理、化学、生物处理方法联合使用。它是先用"围油栏"将漂浮在海面上的浮油围堵起来，防止继续扩散和漂流。然后，再用抽水泵尽量将浮油吸到回收船上。对于无法回收的部分再用分散剂、消油剂类的化学试剂将其继续分散成极微小的微粒，使其完全溶解于海水或凝结后沉降到海底，或通过海洋微生物和细菌的作用将其全部分解掉。

清洁的海滨

至于像重金属、农药、污水、放射性类的污染,它们都直接同海水混溶为一体,至今也没有明显有效的方法进行处理。

377. 细菌为什么会清除石油污染?

利用细菌吃掉海洋上的油污,是20世纪60年代美国等国科学家就着手研究的内容。细菌是怎样吃掉油污的呢?科学家们研究发现:微生物的大家族中,不同的成员,有不同的习性。不少细菌喜爱"吃"石油,而它们的"吃"法也很特别。它们把石油中的碳作为自己的繁殖养料,其中的三分之一变成了它自己的细胞成分,三分之二变成了二氧化碳和水。

科学家们现在正在寻找一种繁殖快,食油量大的细菌,一旦海面上发生了石油污染,将它们洒向海面,再泼洒一些能促进细菌快速繁殖的化肥,高速繁殖起来的食油细菌就会很快把油吃掉,最后达到去污的目的。这样的试验已经在1987年4月当美国"埃克森·瓦尔迪兹"号油轮溢油事故中实践过,收到了可喜的效果。

378. 控制海洋污染的首要任务是什么?

"病从口入",大家都知道这个道理。同样,控制海洋的污染也要找准"病"源在哪里。当然,要在浩瀚的海洋、无尽的海岸线,污染物几乎是无孔不入的情况下查找海洋污染的"病"源是十分艰巨的事。

那么,科学家是用什么办法诊断海洋污染的"病"源呢?用一种比较形象的比喻,他们采用的是一种"定位查源"的工作方法。也就是说:科学家们在对某一特定海区的海洋污染程度进行调查时,先掌握海水、海底沉积的物质和生物体中所含污染物质的种类和这些物质在不同水层、不同距离的分布情况,再确定污染的性质、程度和范围,反过来再查找污染的途径和污染源。

379. 如何在海洋污染控制中应用新技术?

海水不是静止不动的,海水中的物质又不断与大气、底质进行交换,形成了一个十分复杂的体系。今天的科学家们已经将现代新技术应用在海洋这一复杂体系的污染控制方面。他们在对可能遭受污染的海区建立起一个定点监测、流动监测、浮标连续监测、航空卫星监测和水下监测组成的立体的现代化监测网,通过电子计算机执行对海区污染情况的监视,及时掌握污染情况,发出预报结果,从而有效控制污染动态。如日本,他们将全国海区划分为11个管区,配备有巡逻艇和飞机,载有先进专用仪器,对海洋污染进行监视,一旦发现问题,可以及时、准确地通知有关部门及时处理。

那么,我国在海洋监测方面的能力和技术水平如何呢?我国现在已建立了完整的海洋环境监测机构。已经配备的现代化海洋监测技术手段有船舶、飞机、浮标、陆上实验室、分析测试仪器、处理和贮存设备等装备配套齐全。现设有海上监测网点几百个,监测范围已覆盖了我国的渤海、黄海、东海、南海的近岸及近海海域和相邻的陆地、河口、海湾等处,监测的内容已经包括了陆地污染物的直接排放或间接排放、船舶污染物排放、废弃物海上倾倒、海上油气勘探、养殖海区污染等各个方面。

380. 我国首次海洋污染调查是在哪一年?

大家知道得较多的是我国近些年连续组织的南极考

海洋化学

察,而对我国在自己海域进行的大规模海洋考查,特别是对海洋污染状况的调查可能就没那么熟悉了吧!

实际上,自新中国成立的1949年至20世纪90年代初,我国先后进行综合性大规模的海洋调查有20多次呢!但作为海洋污染方面的综合性调查,首次进行还是在1972年6月至1973年10月间完成的。调查的海域是渤海和北黄海的部分海域。这是一次由卫生部组织,辽宁、河北、山东、天津四省市联合协作调查。调查内容包括:水文气象、常规水质指标、水质中的石油、酚、氰、汞、铬、砷、底质和生物体中的砷、汞以及浮游生物、底栖生物和潮间带生物的生态等。这次参加调查的有卫生、水产、科研和大专院校等129个单位264名科技人员。这次调查共组成了11个调查队,使用13艘调查船,调查海域布设13个断面,210多个测站。

海上污染调查

当时的调查结果就已经显示出:渤海海域的最普遍的污染物就是石油,为以后的海洋资源开发利用和海洋环境保护工作提供了重要的科学依据。

381. 国际社会已建立的海洋环境保护法规有多少?

饱受第一次、第二次世界大战几十年战争蹂躏的人们,在战争结束后才如梦初醒:人类赖以生存的海洋已失去往日的清洁和优美。至此,保护海洋环境质量、保护海洋生物资源、保护人类健康的有关内容才开始被纳入国际社会密切关注的议题。最早作为专项海洋环境保护的《国际防止海上油污公约》是于1926年在华盛顿会议上提出的,但由于种种原因,该条约一直没有签字。真正签字的第一个防止海洋污染公约是1954年在英国伦敦签订的。从那以后,陆续又签订了1969年的《国际干预公海油污事件公约》、《国际油污损害民事责任公约》,1971年的《设立国际油污损害赔偿基金公约》、《防止船舶和飞机倾倒造成海洋污染公约》,1972年的《防止倾倒废物和其他物质污染海洋公约》,1973年的《国际防止船舶造成污染公约》。直到1982年联合国第三次海洋法会议通过《联合国海洋法公约》为止,国际社会海洋环境保护法律法规已基本建立起来。如果不是40多年来人类坚持依法对海洋环境实施保护的话,那么,现在的海洋将会是难以想象的样子。

382. 联合国海洋法对各国有哪些要求?

联合国作为组织和协调全球重大国际事务的机构,

海洋化学

在组织和制定国际性海洋环境保护的法律法规中发挥了重要作用。在制定通过的《联合国海洋法公约》中对各签约国海洋环境保护工作提出了几个方面的重要原则要求,它们是:各国有权利根据自己国家的环境政策对自然资源进行开发,同时,要承担保护海洋环境的义务;各国应采取一切必要措施管理好自己管辖范围内的各种污染源,既不可以将污染损害由一个海区转移到另一个海区,或者将一种污染转变成另一种污染,也不允许危害到周边国家;各国要严格控制使用技术或引进新的物种可能对海洋环境造成的危害;同时呼吁各国,要广泛参与全球性或地域性的海洋环境保护活动。也就是说:各国都有开发和利用本国管辖海区海洋资源的权利,但是,在开发和利用的同时都应认真履行好保护海洋环境不受破坏或污染的责任,一旦发生了污染事件,必须立即采取行之有效的处理办法,污染出现在哪里,就应该在哪里处理好,既不能使污染物继续转移或扩散,也不能危害周边国家。

383. 我国已建立海洋环境保护法规有多少?

在海洋环境保护法规建设方面,我国虽然远不如西方发达国家早,但发展的却很快。国际上《防止倾倒废弃物及其他物质污染海洋公约》(又称《伦敦公约》)是1972年通过,1975年生效。我国直到1985年才正式加入该公约,成为缔约国之一。但我国于1982年通过了《中华人民共和国海洋环境保护法》,1983年又通过了《中华人民共和国海洋石油勘探开发环境保护条例》、《中华人民共和国防止船舶污染海域管理条例》,1985年还通过了《中华人民共和国海洋倾废管理条例》。2008年6月1日，《中华人民共和国水污染防治法》也已经颁布实施。这些法规的建立并执行，使对海洋可能造成严重污染的几项主要内容，有了具体的执行标准和管理办法，对控制我国辖区的海洋污染，改善海洋环境具有十分重要的意义。

384. 世界上最早的环境保护法出自哪个国家？

我国是于1979年9月13日公布施行《中华人民共和国环境保护法》的。大家可能都认为这是我国第一部环保法。很少有人知道，世界上第一部环境保护法——《田律》，竟是我国秦朝时制定的，比西方国家早2000多年。

原来，早在2000多年以前，秦朝廷不仅制定了《田律》这部环境保护法规，还作为政府法令正式颁布，成为当时全国上下必须共同遵守的法律。《田律》不仅仅是保护环境卫生问题的一般性法规，它对于林木花草的培植、生长、保护，对于鸟兽鱼类种群的繁衍和保护，对于水道疏浚畅通的保护等，条文规定的都比较系统、合理、科学。这既是中国古代文明的标志，也是世界历史上少有的一件奇事。

385. 世界自然保护区有多少？

德国植物学家汉维特的倡议得到了世界各国的赞扬和响应，稍后在世界各国纷纷建起了各种类型的自然保护区。据统计，截至1986年，全世界已建有1000公顷以上的自然保护区4190个，面积达583万平方米，加上近年来新发展的保护区，总面积已达世界总面积的6%左右。

386. 谁是最早倡导"天然资源"保护的人？

世界自然保护区的创建已有100多年的历史。在19世纪初，当时，由于工业进程的加快，人类征服自然的能力明显增强，自然界维系了亿万年的平衡状态被打破，自然环境和生态系统遭到了污染和破坏，许多野生动物遭到了人类野蛮的捕杀，而面临绝迹。在这种情况下，德国植物学家汉维特首先倡导建立天然纪念馆，以保护和保存自然生态的繁衍和生存。这就是建立自然保护区的最初设想。

387. 我国最大的自然保护区是哪一个？

我国最大的自然保护区是三江源自然保护区。它是我国长江、黄河、澜沧江的发源地，有"中华水塔"之称。三江源自然保护区有四个显著特点：①是我国自然保护区中面积最大的一个，有31.6万平方千米；②是我国海拔最高的天然湿地，平均海拔4000米左右，长江总水量的25％，黄河总水量的49％，澜沧江总水量的15％来自于这里；③是世界高海拔动物多样性最集中的地方，有珍稀野生动物70余种；④是三江流域生态系统最敏感区，它的生态一旦被破坏将直接危及三江各流域地区的经济发展和社会稳定，同时也将对三江入海各海区的海水质量和海洋生态产生严重影响。这是我国西部大开发战略中的一个重大举措。

388. 什么是海上"安全岛"？

在北京的长安街上，车辆川流不息，人潮涌动，为保证车辆行人的安全,早期是在马路中间每隔一定距离设置一处安全岛。人们也许是受此启发,为了保存海洋部分自然环境的本来面目,保护海洋生物资源,尤其是保护珍贵、稀有和濒绝的海洋动物物种,也在海洋中设置了许多类似的"安全岛"。这种"安全岛"就是海洋保护区,它的建立是保护大海健康的一种特别的护理措施,发挥了明显作用。

389. 为什么要建立海洋自然保护区?

为什么要建立海洋自然保护区?这是因为,我们人类赖以生存的海洋被污染以后,不仅对人类的健康和生存带来严重影响,而且对海洋中各类生物的影响最为深远。海水中的污染物不仅会使海水中的生物发生生理、生化、遗传方面的异常变化,更重要的是会引发生物种群结构的破坏,以致一定区域内海洋生命的绝迹。建立海上自然保护区的目的,就是为那些受环境改变而面临灭顶之灾的物种保住一片尽可能适应它们生息、繁衍的海域;保护某些特有的海洋生态系统不受海洋环境的不断恶化而进一步受到破坏或损毁。这就是建立海上自然保护区的作用。

390. 世界海洋自然保护区发展如何?

据"国际自然与自然保护同盟"1988年的统计,目前世界上已有各种类型的海洋自然保护区800多个。按保护区所在位置划区,海岸湿地保护区441个,海岛保护区168个,海域保护区134个,珊瑚礁保护区72个,河口保护区 50 个,其中我国就有 60 多个。

391. 世界上最大的海洋自然保护区是哪一个?

在为数众多的自然保护区中,建设最为科学的首推美国的黄石国家公园,其次是澳大利亚悉尼的皇家国家公园。而作为面积最大的海洋自然保护区,应该是澳大利亚的大堡礁自然保护区了。它的面积达 20.7 万平方千米,相当于英格兰和苏格兰国土面积之和。这片世界上最大的珊瑚岛群是由无数的珊瑚虫在亿万年间堆砌而成的,集飞禽走兽、鱼虾贝藻、奇花异草和星罗棋布的岛屿为一体。

392. 我国已设立多少海洋自然保护区?

截止到 1996 年,我国已批准建设的自然保护区中,

大洲岛海洋生态自然保护区

属于海洋类型的有60处,属于国家级的15处,省级26处,市县级16处。国家级有代表性的是:黄金海岸自然景观及海区生态环境保护区在河北省昌黎;红树林生态系保护区在广西山口;金丝燕及其栖息地海洋生态环境保护区设在海南省大洲岛;海洋贝类、藻类及其生态环境保护区设在浙江省南麂列岛;海底古森林遗迹保护区设在福建省晋江深沪湾。

393. 什么是"绿色和平"组织?

在茫茫的大西洋上,当有人无视海洋环境保护法规而无节制地向大海倾倒废物时,当有人无视国际社会强

烈呼吁而毁灭性捕杀海洋中的鲸鱼以及其他海洋动物时,当有人不顾海洋环境遭受严重污染而大肆进行海上核试验时,人们总会发现船头标有"GreenPeace"英文字样

的船只疾驶事发海域。这些小船上的人们总是不怕狂风巨浪,不顾自己势单力薄,冒着个人的生命危险,同给海洋带来危害的行为展开不屈不挠的斗争。你知道这些人是属于什么组织的成员吗?这就是世界著名的"绿色和平"组织。它是由加拿大的戴维·麦格塔格特倡议,于1971年正式成立的,至今已经有30多年的历史了。

394."绿色和平"组织是环保类组织吗?

应该说,"绿色和平"组织在组建初期主要是由一些热心于环境保护的志愿者发起的。但如果就此把它看成是一个环境保护机构那就太片面了。组建30多年来,他们不仅在保护海洋环境免遭严重污染、保护海洋动物免遭毁灭性捕杀等方面作出了卓越的贡献,而且,他们在对人类合理开发海洋新技术的推广和应用等方面都做出了大量努力。例如:海上风能、太阳能和潮汐能的开发利用就是他们的工作重点之一。因为这个组织中不仅有海洋环境保护方面的专家学者,还有许多海洋能源研究利用等其他方面的人才广泛参加呢!

395.谁是捕杀鲸鱼的"刽子手"?

在世界上,捕鲸活动由来已久。由于鲸鱼诱人的商用价值,使人们在捕鲸的手段上着实下了不少的工夫。自从1868年起,当一名叫斯文斯·福恩的挪威人发明了一种头带爆炸性尖梢的捕鲸炮以后,这使得海中鲸鱼被捕杀的速度大大加快。仅1962年的一年中,世界海域就有65000头鲸鱼惨遭捕杀。在这种炮杀鲸鱼,血染海水的捕杀风潮中,大发横财的不是别人,主要是前苏联和日本,仅他们捕杀的鲸鱼就占世界捕鲸总量的80%左右。

问题不仅如此,近几十年来,面对鲸鱼连年惨遭狂捕,已经面临灭种的危险境地,许多国家和国际组织不断大声疾呼,国际组织会议也年年召开,各种禁捕令不断颁布,但是,就是有那么几个捕鲸大国却置若罔闻,我行我素,仍无情地追杀已经即将灭绝的鲸鱼。看来,他们真的宁愿遭世人唾弃,甘当海上的"刽子手"了。

396. "绿色和平"组织是怎样保护海洋动物的?

很多年来,"绿色和平"组织在阻止滥捕海豹、鲸鱼等海洋动物资源方面投入了许多力量。他们的船只常常会出现在偷偷驶进禁猎区的捕鲸船旁,全力劝阻捕杀活动。如果劝阻无效,他们就会放下小艇,毫不畏惧地开到已被鲸炮瞄准的鲸鱼前面,用自己的血肉身躯挡住鲸炮的射线。通常,捕鲸炮手会被这种行动惊得目瞪口呆,不敢射击,只好看着鲸鱼消失在茫茫大海之中。

然而,意外的事情在1975年夏季的一天发生了。有9艘前苏联捕鲸船偷偷驶入鲸鱼经常出没的加利福尼亚附近海面上,船上的捕鲸者正在为击中了目标而庆幸。只要他们按照被击中鲸鱼身上的无线电发报器发出的信号继续追捕下去,他们就会将受伤的鲸鱼轻松捕获。面对即将到手的财富,炮手们已迫不及待了。就在这时,加拿大"绿色和平"组织的几位环保专家发现了此情此景。他们全速驾驶橡皮筏,急冲到捕鲸船与痛苦挣扎的鲸鱼之间,企图用自己的生命作抵押,来阻止捕鲸炮的再次发射。然而,他们万万没有想到,极度残忍的炮手们,见利忘义,仍不停地鸣炮射击。炮弹擦身而过,有的专家竟差一点血染大海。虽然这次活动未能全部阻止对方的捕杀,但至少挽救了8头鲸鱼的生命。

397. "地球日"是怎样诞生的?

每年的4月22日为世界"地球日"。在这一天世界各国都要组织形式多样的"保护自然环境、爱护我们家园"活动。你可知道这一被全世界各国接受的"日子"是如何诞生的吗?

事情引发于20世纪70年代初,当时美国的环境污染已十分严重,工业公害频频发生,使许多人致死、致病、致残。当时的美国一些环境保护工作者和社会名流们,为了唤起公众和政府对环境问题的重视,呼吁并督促政府采取实际行动保护环境,他们在1970年4月22日这一天掀起了有2000多万人(包括国会议员)参加的、声势浩大的集会游行。走向街头的人群情绪激昂,热血沸腾,他们高举受污染的地球模型,高呼"保护环境、保护家园"的口号。此一举动不仅极大地震慑了美国政府当局,同时,也唤起了全世界人民对环境污染问题的高度重视。随后,1972年联合国人类环境会议召开,1973年联合国环境规划署成立。我国对此也反映强烈,并在周恩来总理的亲切关怀和倡导下,1973年8月5日在北京召开了我国第一次全国环境保护会议。时至今日,"爱我地球、保我家园"已经成为许多国家和人民的共同心声。

398. 联合国为什么要设'98 国际海洋年？

1994年12月19日,当联合国秘书长加利先生在第49届联合国大会上宣布,对确定1998年为国际海洋年议案进行表决时,与会代表无一反对,全票通过。将某一年份确定为某种特殊意义的年,这可是联合国建立史上绝无仅有的事情。为什么人们开始如此高度地重视海洋了呢？

原来,除了海洋污染日益严重,近些年来,由于工业废气形成的"温室效应"已引起全球性升温也越来越明显。据实际测温结果表明,1985年全球气温比常年高出0.38℃,到1997年又出现了有气温记录以来最热的一年,地球表面平均气温要比过去30年间的平均气温高0.43℃。随着地球气温在升高,海水表面温度也在明显上升。35年来,大西洋海域表层水温平均升高了0.3℃；北冰洋地区17年融化的冰盖面积已达61万平方千米。据专家预测,由于海水温度的上升,到2050年,全球海平面上升高度可能达到30厘米～50厘米,海洋国家沿岸城市、岛屿,特别是近岸低地的人们生命财产将面临被大海吞食的危险。

设立国际海洋年就是让公众进一步认识到海洋在人类生活中的重要意义,以此来控制污染,保护海洋,保护环境,保护我们现有的生存空间。

399. 海水腐蚀研究有什么意义？

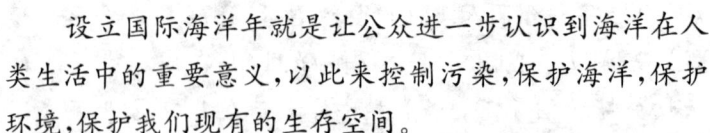

人类在开发利用海洋方面已经进行或正在进行着许

海洋化学

许多多的活动,例如:近海石油以及矿物的开采,海洋生物的捕捞与养殖,海水利用和海水化学物质提取,海上舰船的建造与使用,海上与岸边的各种建筑工程等。所有这些日益增多的活动,无一不对选择适应海洋特殊环境的金属材料提出较高的要求。

实际上,任何金属的自然变化都倾向于回到它在地球上的原始状态,最终成为矿物。纯净的水几乎对金属不引起腐蚀,但一有杂质存在,水就成为某种程度的电的导体,结果形成微电池,产生了腐蚀。由于海洋中海水的盐度都在 35 左右(除了河口或内海),这些盐的存在使海水成了优良的电的导体。再由于海浪、海流、海水的潮涨潮落冲刷的作用,以及海水中溶解气体、海洋生物附着、金属之间的相互碰撞与磨擦,使得金属材料在海水中的腐蚀速度要比在其他环境中增加几倍,甚至几十倍。这样的腐蚀速度使人们在开发利用海洋活动中所投入的成本大大增加了,这正是人们要进行海水防腐研究的重要原因。

400. 海水腐蚀能力有多强?

说起金属腐蚀,大家不难想到,如果将一个废铁盒放在室外,经过长时间的风吹、日晒、雨淋,你就会发现,铁盒的表面会生锈,并逐渐开始腐烂,最后被一块一块地分解、烂掉。这就是一种典型的金属腐蚀现象。

引起金属腐蚀的因素很多,若在干燥空气、无盐河水和浑浊海水这三种不同情况下试验比较,哪一种条件下金属腐蚀的速度最快呢?试验的结果表明:在干燥空气中的金属受腐蚀的很少,在无盐河水中金属腐蚀的也较慢,腐蚀速度最快的就数浑浊海水了。

经过科学家的分析测定:一块未加任何保护的钢板,放在静止的海水中,它是以每年0.125毫米的速度缓慢地腐蚀,这一腐蚀速度相当于淡水的2.5倍。但若将同样一块钢板放在受海水冲击作用较强的地方,它的腐蚀速度还会大大增加。6毫米厚的钢板,可以在9个月中被海水彻底腐蚀掉。

401. 金属在不同海水中腐蚀速度有区别吗?

金属在不同的海水中腐蚀的速度还有什么不同吗?为解答这个问题,世界上许多化学家、海洋学家、造船业的工程师们先后做过大量的观察和实验,最终发现:大多数常用的金属材料,如不锈钢、铁、铜、铝、铅、锌等,把它们分别暴露在海水中、海水表面或海洋大气中都会发生腐蚀现象,而这种腐蚀现象还随着暴露的条件不同,受腐蚀的情况有明显差别。

402. 不同海洋环境腐蚀结果有什么区别？

为了描述方便,我们把海洋环境分成大气区、表层区、全浸区、海底区来比较它们。

(1) 大气区：由于金属是暴露在海面以上的空气中,主要是由风带来细小的海盐颗粒而引起金属的腐蚀。腐蚀的速度又与金属距离海面以上的高度、风速、风向、雨量、温度、尘埃、空气污染等有关,甚至鸟粪也是一个影响因素。在这个区中金属腐蚀的特点主要表现在阴面快于阳面,顶部快于底部,粉尘大快于粉尘小,越接近海面腐蚀的速度就越快。

海水腐蚀实验场

(2) 表层区：由于在这个区中金属是在海水的表面,时而没入水中,时而裸露在空气中,既有充足的海水盐分和氧气,还有海潮、涌、浪的冲击作用,都会大大加快金属的腐蚀速度,所以,金属在这个区里腐蚀的速度比其他区都要快。

(3) 全浸区:这是指金属全部被浸入海水里的情况。由于在这个区中氧气的供给没有表层那么充足,海水对金属的冲击力也没有表层那么强,因此,它的腐蚀速度略次于表层区。而且,随着海水深度的增加,这种差别还越明显。

(4) 海底区:海底区还分水中和底泥中两种情况。在海底的水中,尽管不同海域海水的含盐量、水温、水中生物、水质污染等金属腐蚀的因素都不同,但总的来说,随着海水变深,金属腐蚀速度就变缓。而在底泥中,由于氧气不足,腐蚀要比水中缓慢得多。

403. 什么是电池腐蚀?

从电化学角度看,由于海水是优良的电的导体,所以它的腐蚀过程基本上属于电化学腐蚀。那么,电化学腐蚀是怎么回事呢? 我们可以做一个小试验。

我们各选择一片均匀、纯净的铜片和铁片放在海水中,起初,在没有外界影响下它们都没有明显的变化,然而,当用一根导线将它们连接起来以后,慢慢地就会发现,铜片没有任何变化,而铁片表面却变色、生锈了,这就是一个电化学腐蚀的过程。

那么,为什么铜片没有变化、而铁片却被腐蚀了呢? 原来,铜和铁两种金属的电位是不同的,就像水必然从高处向低处流一样,当两种金属片、导线和水组合成一个完整的电池(实际上是蓄电池)以后,由于铜片的电位比铁片高,电流自然从铜片流向了铁片,铜片得到保护,而铁片上却由于失去电子而发生了化学反应。这只是两种不同的金属在海水中可能发生腐蚀现象的一种,至于不同的金属在不同条件下能出现的电池腐蚀种类可多得很呢!

404. 同一种金属也能形成电池吗?

我们已经知道,在海水中不同金属在连接、焊接处容易形成电池产生腐蚀,那么,单独一块金属放在海水中为什么也会被腐蚀呢?

实际上,任何一种金属在生产过程中都很难达到100%的纯度,金属表面达到绝对光滑也是不可能的。当金属浸在自然界的海水中时,金属表面可能受到不同的外界因素影响,在不同部位上都会有瞬间的电位的不同。这瞬间电位不同的现象出现,就意味着金属表面微电池已形成,并开始工作了,这也就是我们经常看到的同一块金属同样会腐蚀的原因。

405. 为什么不锈钢也会生锈?

早在1913年,当时有人偶然发现将金属铬加入到金属铁中,铁就不生锈了,这一发现引起了世界的震惊。从那时起,不锈钢以它那明亮、光泽、无锈的外表和低廉的价格(它的主要成分是铁)赢得金属制品加工业和制造业的青睐。同时,根据不同的需要,以铁为基本原料的铬、镍、钼、碳等的合金钢都相继研制出来,并广泛投入使用。

那么,不锈钢是不是就真的都不生锈呢?当你们从超市中购回一件不锈钢炊具后,刚巧,就是这件炊具用了不长时间表面就长出了锈斑,在抱怨之余,人们又在想些什么呢?

实际上,不锈钢之所以有耐腐蚀功能主要取决于它的铬金属含量,金属铬可以与氧非常快地发生化学反应,形成非常紧密的氧化膜,就是这一层膜的作用,才阻止了不锈钢的进一步腐蚀。但是,不锈钢的耐腐蚀强度既然是由铬含量多少决定的,铬的含量达到多少不锈钢才真的不锈呢?通常认为,铬含量在12%以上的不锈钢,耐腐蚀的能力就很强了,现代轮船、飞机等零部件制造上已广泛使用。尽管如此,对于一些特殊用途的部件,在使用时还是需要进行必要的抗腐蚀保护。可想而知,日常家庭中常用的不锈钢制品铬含量有多少?日常使用时你真的爱护它了吗?

406. 海水腐蚀的"罪人"到底是谁?

我们已经知道,海水中含有80多种化学物质,这80多种物质对金属腐蚀的作用是否相同,哪一种物质在这里起到了关键性的作用呢?

经过化学家们的分析确定,海水中氯的含量大约在1.9%,这一数字比其他物质总和还要多0.3%。也就是说,在海水中任何一种金属,当它的外部氧化膜形成一个微电池后,推动这个电池工作的就是海水中的氯离子。而金属在淡水中就要幸运的多了。已有资料证明,当氯的含量低于0.1%时,一般的不锈钢就不容易出现腐蚀现象,而通常的河水、湖水中氯的含量都远低于这个数值。所以,同样的金属,在海水中出现的明显腐蚀现象,在淡水中就不会有了。

编后记

世界的未来是青少年的,而世界未来的希望在海洋。21世纪的今天,世界已经进入全面开发和利用海洋的新时代。

在我国青少年中全面、系统地开展海洋知识的普及教育,以适应国际形势变化的需要和未来人类社会发展的需要,是我们当代海洋科技教育工作者的责任和义务。有感于此,我们来自国家机关、高等院校、科研院所、军事机构等 40 多位海洋科技工作者,花费了三年多时间,精心策划并编撰完成了我国有史以来第一部海洋知识体系最完备、内容最全面的科普图书。

《海洋小百科全书》共 20 分册,300 余万字,110 个知识大类,总 7000 余个知识问答,几乎涵盖了海洋自然科学、海洋人文科学、海洋军事科学的全部基本内容。本书第一版由中国少年儿童出版社于 2002 年 5 月出版,2003 年 9 月荣获由中共中央宣传部等国家 7 个部门联合颁布的"第五届全国优秀科普作品奖科普图书类三等奖"。本书于 2007 年 10 月修订再版,现再次修订,由中山大学出版社出版。本次修订在保持原有知识体系和编写风格基本不变的情况下,除进行必要的知识内容更新外,又新增加了《海洋经济》分册,使《海洋小百科全书》的知识体系进一步完备,知识内容更加丰富。

本书自 2002 年 5 月出版至今,一直得到社会的普遍关注和广大读者的厚爱,在此,一并向曾经对本书编撰、出版、发行、修订等作出过贡献的人们表示衷心的谢意。

由于本书涵盖的知识内容宽泛,编写任务十分繁重,难免有知识遗漏和编写不当之处,欢迎广大读者提出宝贵的意见和建议。

《海洋小百科全书》主编:关庆利
2010 年 9 月 24 日

《海洋小百科全书》分类目录

(20分册·110类)

1 海洋地理
 海洋地理大观
 世界海岛揽胜
 海洋地理趣闻
 奇妙海底世界
 海洋地质灾害
 神奇中国岛岸

2 海洋水文
 多姿多彩的海洋
 海水的自然神韵
 海洋与人类互动
 探测海洋的波脉

3 海洋气象
 走近海洋风暴
 探寻海洋天气
 感受海洋冷暖
 变换海洋风雨
 领悟沧海桑田
 俯观海气轮回

4 海洋探险
 古代海洋探险
 近代海洋探险
 现代极地探险
 环球海洋风采

5 海洋航运
 船舶千秋史话
 航海妙趣万千
 惊涛铸造奇闻
 中国航运今昔
 船运业务趣谈

6 极地科考
 挑战人类的环境
 不可争夺的领土
 南极人的生活
 南极生物奇趣
 揭开奥秘的考察
 北极世界的探索

7 海洋生物
 无限生机的海洋
 迷人的海洋奇葩
 璀璨的贝类明星
 威武的虾兵蟹将

微小的海洋居民
　　多彩的海洋植物
8　海洋动物
　　奇妙的动物家族
　　高超的生存技巧
　　神秘的自然之谜
　　复杂的生存关系
　　多彩的情爱生活
　　狰狞的危险动物
　　友善的人类朋友
9　海洋渔业
　　千姿百态捕鱼技术
　　海洋渔业发展史话
　　名贵海产品趣味谈
　　海产品美食与营养
　　海产品保健与药用
10　海洋化学
　　海水的趣味故事
　　海水的化学秘密
　　海水的化学资源
　　无尽的海底宝藏
　　流泪的海洋环境
11　海洋物理
　　妙趣横生海洋物理
　　威力无比海洋声学
　　奇光异彩海洋光学
　　探索海洋高新技术
　　四通八达海底电缆
　　准确无误导航技术
12　海洋工程
　　人类水下生活
　　探索海底世界
　　雄伟近岸工程
　　海上铸造希望
　　港口飞架彩虹
　　旅游方兴未艾
　　无尽海洋能源
13　海洋科教
　　著名的海洋科学家
　　世界海洋科技之最
　　重大海洋科学考察
　　世界海洋科研教育
14　海洋权益
　　蓝色的海洋国土
　　繁杂的海域划分
　　激烈的海洋争斗
　　独特的海运规则
　　严格的船舶管理
　　复杂的海事纠纷
　　神圣的海洋权益

15 海洋经济
　　海商奠基帝国兴起
　　追寻民族海商踪迹
　　当代海洋经济概览
　　日新月异朝阳产业
　　夯实蓝色经济基石

16 海洋文学
　　中国古代海洋文学
　　中国现代海洋文学
　　外国古代海洋文学
　　外国现代海洋文学
　　中外海洋影视文学

17 海洋文化
　　海洋神化故事
　　海洋语言文字
　　海洋绘画名作
　　海洋雕塑艺术
　　海洋音乐经典
　　海洋民俗风情

　　海洋著作学说

18 海军兵器
　　凶悍的汪洋猛鲨
　　奇妙的掠波剑鱼
　　神秘的龙宫巨鲸
　　无敌的长空雄鹰
　　未来的海战新秀
　　难忘的千年风流

19 古今海战
　　古代海战追踪
　　近代海战掠影
　　"一战"群雄争霸
　　"二战"邪灭正兴
　　现代海战大观

20 海洋军事
　　海军兵力纵横
　　海军礼仪风采
　　海军名人传奇
　　海军趣闻轶事